“十四五”职业教育资源环境与安全大类专业新形态规划教材
职业教育产教融合应用实践配套教材

浮游选矿技术实验指导书

主　编　米文杰
副主编　窦源东　吴　凯　隆　岗
　　　　李　彦
参　编　王建政　马鹏程　毕凤琳
　　　　陈建龙　薛统源

黄河水利出版社
·郑州·

内 容 提 要

本书以选矿厂浮选技术人才需求为依据,以理论与技能相结合为宗旨。在编写形式上,以项目、任务等灵活形式展现,介绍实验相关理论知识的同时,融入了选矿厂实际生产案例和选矿厂实际生产小知识,突出了产教融合、校企合作、工学结合、知行合一的人才培养模式,重在培养掌握专业理论知识、熟悉企业生产实践的高素质技术技能型人才。本书共分为6个项目,分别为纯矿物浮选实验、浮选工艺条件实验、浮选药剂性能实验、浮选流程实验、浮选拓展实验及浮选综合实验。

本书可作为高等职业院校矿物加工技术专业学生的专业实验实训教材,也可作为矿物加工技术专业工程技术人员进行实验研究的参考书籍。

图书在版编目(CIP)数据

浮游选矿技术实验指导书/米文杰主编. --郑州:黄河水利出版社,2024.11

"十四五"职业教育资源环境与安全大类专业新形态规划教材

ISBN 978-7-5509-3800-7

Ⅰ.①浮… Ⅱ.①米… Ⅲ.①浮游选矿-高等职业教育-教学参考资料 Ⅳ.①TD923

中国国家版本馆 CIP 数据核字(2023)第235557号

组稿编辑:陶金志 电话:0371-66025273 E-mail:838739632@qq.com

责任编辑 周 倩　　责任校对 鲁 宁
封面设计 张心怡　　责任监制 常红昕
出版发行 黄河水利出版社
地址:河南省郑州市顺河路49号 邮政编码:450003
网址:www.yrcp.com E-mail:hhslcbs@126.com
发行部电话:0371-66020550
承印单位 河南匠心印刷有限公司
开 本 787 mm×1 092 mm 1/16
印 张 11.25
字 数 267千字
版次印次 2024年11月第1版　　2024年11月第1次印刷

定 价 49.00元

前　言

以弘扬新时代“工匠精神”、服务矿产资源行业发展为宗旨，以培养专业知识扎实、实践能力突出、综合素质过硬、服务于矿产资源行业升级的高素质选矿工匠为目标，浮游选矿技术实验是以项目化、任务化、理实一体化教学为智能结构培养的设计方式，是用来培养矿物加工技术专业学生探究与创新能力的有效途径。

项目化教学是强调学生的主体地位，项目实施过程是体验团队精神、运用知识、提高能力的过程。本书共分为6个项目，项目中包含项目导读、项目目标、项目概览和项目巩固，每个项目由不同的任务组成，每个任务的亮点是在“理论实践要知道”中加入了理论链接和实践链接，理论链接介绍了实验相关的理论知识，实践链接中融入了选矿厂实际生产案例和选矿厂实际生产小知识，任务实验操作内容整体涵盖实验操作的整个过程。在实验操作的重点部分附有操作二维码，仅需扫码即可及时观看实验操作视频，对实验操作进行规范与指导。任务结束后有任务评价，会评选出本组之星和最佳小组，来激励学生更好地完善与总结任务，任务最后设有相应的任务拓展和有意思的拓展小知识，让学生在实操任务过后可以在拓展知识的海洋里遨游。本书采用活页式装订，活页式教材的“新”侧重实用性与可操作性，各项目独立完整，伴随矿山行业技术的发展，允许对教材内页进行调整。本书可作为高等职业院校矿物加工技术专业学生的专业实验实训教材，也可作为矿物加工技术专业工程技术人员进行实验研究的参考书籍，对校企深度合作培养新时代技术工匠具有十分重要的现实意义。

本书由烟台黄金职业学院米文杰担任主编，负责内容设计，以及项目一、二、三的编写和全书的统稿及修订工作；烟台黄金职业学院窦源东、吴凯、李彦及山东中矿集团有限公司隆岗担任副主编，并负责项目四、五、六的编写；招金矿业股份有限公司王建政、马鹏程、陈建龙负责实践链接中选矿厂实际生产案例资料的收集与整理，为本书提供选矿厂实际案例的支撑；烟台黄金职业学院毕凤琳、薛统源负责书中网络资源、拓展任务以及拓展小知识资料的收集与整理。

本书是山东省高等职业教育高水平专业群（资源开发利用专业群）、山东省职业教育“技能大师”工作室（矿产资源综合利用）以及山东省职一流核心课程《浮游选矿技术》建设项目的成果之一。

本书在编写过程中得到了招金矿业股份有限公司、山东中矿集团有限公司等矿山企业的大力支持,在此表示诚挚的感谢！本书中参考的网络信息资源以及部分参考文献未能一一列出,在此对资料的作者表示真挚的谢意!

由于编者水平有限,书中难免存在缺点和错误,敬请读者批评指正。

作　者

2024 年 7 月

目　录

项目一　纯矿物浮选实验

项目导读

矿物在分选前，需要进行破碎作业和磨矿作业，目的是使目标矿物尽可能达到单体解离。在破碎与磨矿过程中，矿物会发生破裂，而破裂以后，有的矿物表面呈现亲水性，有的矿物表面呈现一定的疏水性，主要取决于矿物表面键的性质。大多数硫化矿物、氧化物、硅酸盐及硫酸盐等都有强的亲水性，未经捕收剂作用都不能实现浮选。

码 1-1　浮选实验概述

矿物浮选分离时，须经破碎和磨细使矿石中的目的矿物单体解离，以获得适于浮选所要求的适宜粒度。在矿石破碎和磨细过程中，矿物在外机械力的作用下，晶体内部分化学键受到破坏，出现新的断口或较平滑的解理面，这些断裂面是决定矿物可浮性的基础。颗粒表面与内部的主要区别是内部的离子、原子或分子相互结合，键能得到了平衡；而位于表面层中的离子、原子或分子朝向内部的一面，与内层有平衡饱和键能，而朝向外面的键能却没有得到饱和（或补偿），颗粒表面这种未饱和的键能决定了它们的天然可浮性。

所谓天然可浮性，是指矿物在不添加任何浮选药剂的情况下的浮游性，矿物的天然可浮性与其解理面和表面键性及矿物内部的价键性质、晶体结构密切相关。天然可浮性好的矿物是很少的，所以要实现矿物的浮选分离，主要借助于添加捕收剂来人为地改变它们的可浮性。捕收剂的一端具有极性，朝向矿物表面，可以满足颗粒表面未饱和的键能；另一端具有石蜡或烃类物质那样的疏水性，朝外疏水，造成固体表面的“人为可浮性”，提高了它的浮选回收率。对于那些具有一定天然可浮性但又不希望其上浮的颗粒，经常使用具有选择性的抑制剂，抑制它们上浮。通过人为调整，达到良好的分离结果。

本项目通过纯矿物浮选实验研究，可以了解不同矿物在有无药剂或者有特定药剂作用时的可浮性，从而可提出不同矿物之间的浮选分离方案。纯矿物浮选实验有三种方法，即无沫浮选法、泡拣法和挂槽浮选法。

项目目标

知识目标

1. 掌握无沫浮选法、泡拣法和挂槽浮选法的基本原理。
2. 掌握纯矿物浮选实验的基本方法。
3. 掌握常规浮选仪器与设备的操作与维护。
4. 掌握浮选药剂的配置与添加方法。
5. 掌握浮选药剂的结构与作用。
6. 了解纯矿物浮选实验的意义。

能力目标

1. 培养应用所学的基本知识来解决实验中的实际问题的能力。
2. 培养独立思考、认真负责、对实验结果进行处理与分析的能力。
3. 培养自主设计浮选实验,对不同类型的矿石纯矿物进行可选性研究的能力。
4. 培养精益求精、独具匠心的选矿工匠精神。

项目概览

- 纯矿物浮选实验
  - 任务一　纯矿物浮选——无沫浮选法
    - 理论实践要知道
      - 理论链接:高纯石英的制备方法
      - 实践链接一:选矿厂实际生产小知识
        - 粗粒采取的工艺措施
      - 实践链接二:选矿厂案例分享
        - 金翅岭金矿选矿厂
    - 无沫浮选法实验操作
    - 任务评价
      - 本组之星
      - 最佳小组
    - 任务拓展
      - 点石成金的方法:煤金团聚法
      - 拓展小知识:石英
  - 任务二　纯矿物浮选——泡拣法
    - 理论实践要知道
      - 理论链接:浮选药剂——胺类表面活性剂
      - 实践链接一:选矿厂实际生产小知识
        - 使用胺类捕收剂的有效方法
      - 实践链接二:选矿厂案例分享
        - 齐大山选矿厂
    - 泡拣法法实验操作
    - 任务评价
      - 本组之星
      - 最佳小组
    - 任务拓展
      - 点石成金的方法:石蜡法
      - 拓展小知识:黄金
  - 任务三　纯矿物浮选——挂槽浮选法
    - 理论实践要知道
      - 理论链接:浮选机的结构和分类
      - 实践链接一:选矿厂实际生产小知识
        - 浮选机具备的条件
        - 浮选机使用前的准备工作
      - 实践链接二:选矿厂案例分享
        - 百花岭选矿厂
    - 挂槽浮选法实验操作
    - 任务评价
      - 本组之星
      - 最佳小组
    - 任务拓展
      - 新型浮选设备:浮选柱
      - 拓展小知识:旋流静态微泡浮选柱
  - 矿物是指由地质作用所形成的天然单质或化合物。它们具有相对固定的化学组成,呈固态者还具有确定的内部结构;它们在一定的物理化学条件下呈稳定状态,是组成岩石和矿石的基本单元。

任务一　纯矿物浮选——无沫浮选法

一、任务描述

某铁矿选矿厂现在正在进行铁矿选矿厂改造项目，想将原来的阶段磨矿—单一磁选—细筛再磨流程，改造为对细筛筛下精矿增加阳离子反浮选工艺，经一次粗选、一次精选获得最终精矿，反浮选泡沫经浓缩磁选后再磨，磁选精矿返回反浮选作业再选。现需要对纯矿物石英进行无泡沫浮选实验，为指导铁矿选矿厂改造项目提供数据支持。本任务的要求是通过“理论实践要知道”的学习，拓宽自己的理论知识和实践知识领域，然后对石英的纯矿物应用无沫浮选法进行纯矿物浮选实验。

二、任务实施

（一）理论实践要知道

理论链接：高纯石英的制备方法

高纯石英的制备方法有三大类：天然水晶直接加工、低杂质的石英矿物提纯和含硅化合物化学合成。高纯石英的提纯工艺：首先将脉石英或石英岩破磨到所需要的粒度并脱除部分杂质；再通过物理和化学方式分离或者溶解杂质，整个提纯过程可以简单概括为预处理、物理处理和化学处理三个过程，具体为采用破碎、磨矿、筛分、磁选、酸洗、氯化焙烧等多种选矿方法，根据原矿的成分与品位设计相应石英的提纯工艺，钠含量较高的石英矿物需要进行高温煅烧，钙镁含量较高的碳酸盐矿物需要进行盐酸预处理。

从成熟的磁选、浮选、常温酸浸出工艺，到后来引入的擦洗、煅烧、水淬、热振荡等预处理工艺，还有近来发展的热压浸出、化学合成、微波酸浸出、气氛焙烧工艺，见证了我国无数科技工作者在寻求高纯石英的更高水平的过程中的累累硕果。从简单的磁选除铁到强磁选—浮选—酸浸出联合工艺，从单酸浸出到混合酸的热压浸出，从以前的选别到现在的化学合成，从低端石英到高档石英，从单一的质量要求到对羟基水、主要杂质金属含量和石英结晶程度的严格要求，技术的进步意味着石英产品品质的全面提升。

查一查：分组查阅文献资料，分享高纯石英制备的真实案例。

案例分享

实践链接一：选矿厂实际生产小知识

在实际浮选作业中，粗粒为何难浮？选矿厂现场应采取什么工艺措施？

粗磨可以节省磨矿费用，降低成本。在处理不均匀嵌布矿石的浮选厂，在保证粗选回收率的前提下，有放粗磨矿细度的趋势。但是由于粗粒比较重，在浮选机中不易悬浮，与气泡碰撞的机会减少。另外，粗粒附着于气泡后，因脱落力大，易从气泡上脱落，因此，粗粒在一般工艺条件下浮选效果较差。为了改善粗粒浮选的效果，可采取下列工艺措施：

(1)采用捕收力较强的捕收剂，还可以补加煤油、柴油等辅助捕收剂，以强化对粗粒的捕收，提高矿粒与气泡的附着能力和固着强度，减少脱落。

(2)适当增加矿浆的质量分数，增加矿浆的浮力。在保证泡沫层稳定的前提下，适当地搅拌，以促进粗粒悬浮，增加与气泡的附着机会。

(3)适当增加浮选机的充气量，产生较大的气泡和形成由大、小气泡聚集而成的“浮团”，这种“浮团”有较大的升浮力，可挟带粗粒上浮。

(4)采用浅槽浮选机，以缩短矿化气泡上浮的路程，减少矿粒从气泡上脱落，或采用适宜于粗粒浮选的专用浮选机，如环射式浮选机和斯凯纳尔浮选机等。

(5)采用迅速而平稳的刮泡装置，使上浮的矿化泡沫及时刮出，以减少矿粒重新脱落。

实践链接二：选矿厂案例分享

某金矿选矿厂选矿车间简介

某股份有限公司某金矿坐落于以盛产黄金闻名于世的中国金都招远市北 7 km 处，地理位置优越，交通十分便捷。某股份有限公司某金矿是采选氰冶综合配套的全国黄金行业领先企业，国土资源部(现为自然资源部)首批绿色矿山试点单位，山东省花园式单位。企业工艺技术领先，处理系统完善，不但能满足自身生产的需要，而且大量承担对外加工业务。图 1-1 所示为某金矿选矿厂工艺流程。接下来，重点学习某金矿选矿厂磨矿与浮选工段。

某金矿选矿厂磨矿与浮选工段

某金矿选矿厂(见图 1-2)磨矿采用由球磨机和螺旋分级机构成的一段闭路磨矿工艺。粉矿由皮带给矿机运至胶带运输机再运入磨矿系统。每个磨矿系列为 ϕ 3200×4000 格子型球磨机和 FG-30(加长 1 800 mm)高堰式单螺旋分级机组成的闭路磨矿系统，分级机溢流自流到浮选系统。

浮选就是在已磨细的矿浆中，加入浮选药剂，然后在浮选机中搅拌，并通入空气，形成气泡。此时，一部分可浮的矿物就黏附于气泡上，把这些泡沫刮出来，即为精矿；另一部分不浮的脉石，就不随气泡上浮，而留在矿浆中随浮选闸门排出，即为尾矿。在已磨的矿浆中加入适当的浮选药剂，经搅拌后进入浮选机，称为粗选；将粗选刮出来的泡沫再进行浮选，称为精选；而粗选的尾矿再进行浮选，称为扫选。分级机溢流经 1 台 ϕ 3000×3500 高效搅拌槽搅拌后进入浮选系统。浮选采用“一优一粗二扫二精”的浮选工艺流程。每个系列优选选用 1 台 BSK-16 充气搅拌式浮选机，粗选选用 3 台 BSK-16 充气搅拌式浮选

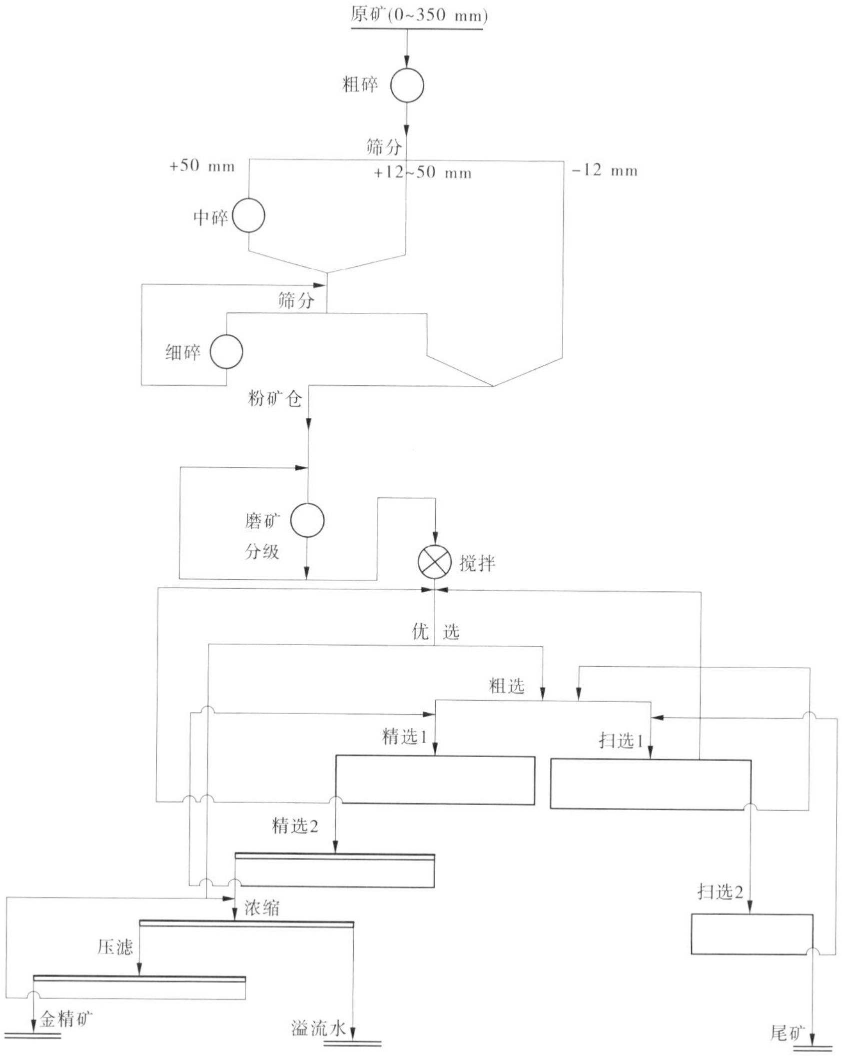

图 1-1 某选矿厂工艺流程

机，一次扫选选用 3 台 BSK-16 充气搅拌式浮选机，二次扫选选用 2 台 BSK-16 充气搅拌式浮选机，一次精选选用 1 台 XCF-8 自吸式浮选机，二次精选选用 1 台 XCF-8 自吸式浮选机。浮选精矿经泵送入精矿脱水系统，浮选尾矿经泵送入尾矿库。

(二)无沫浮选法实验操作

1. 无沫浮选法的实验原理

无沫浮选法是浮选过程中不添加起泡剂、不形成泡沫层的一种实验方法，适用于研究药剂对矿物可浮性的作用。

其优点是：需要的纯矿物量少，每次 1~3 g 即可，药剂浓度和溶液的容积恒定，能精确控制操作变量。

无沫浮选法最常用的方法为单泡浮选法，也称为 Hallimond 法，其实验装置如图 1-3 所示。

图 1-2　某金矿选矿厂

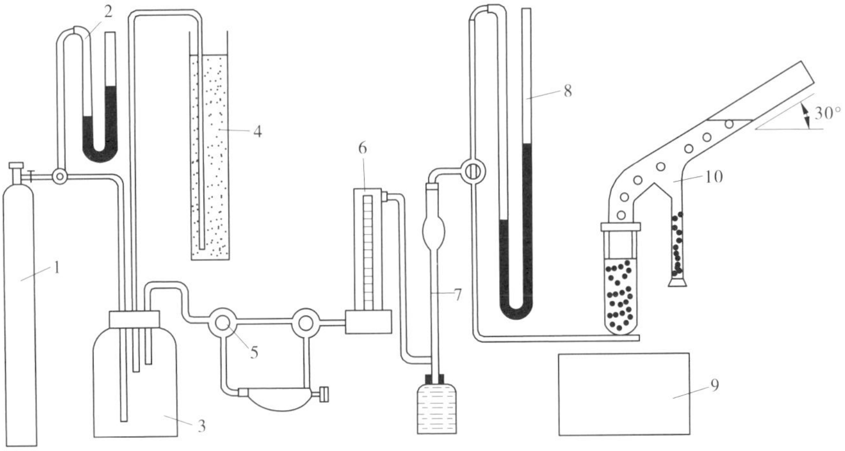

1—气瓶；2—水银测压计；3—储气瓶；4—压力调节器；5—针阀；
6—转子流量计；7—皂膜流量计；8—水柱测压计；9—电磁搅拌器；10—单泡管。

图 1-3　单泡浮选实验装置

其主体部分为单泡管，即 Hallimond 管，其由玻璃或有机玻璃制成，底部为多孔烧结石英砂滤板或毛细管，孔径 40~60 μm，净化后的气体在此处进入单泡管。

2. 物料、仪器和试剂

无沫浮选法实验所需的实验物料、仪器和试剂如表 1-1 所示。

表 1-1 无沫浮选法实验所需物料、仪器和试剂

序号	名称	序号	名称
1	石英纯矿物 100 g(0.075~0.15 mm)	7	显微镜 1 台
2	单泡浮选实验装置 1 套	8	电磁搅拌器 1 台
3	带起泡嘴的玻璃管 1 根	9	量烧杯 2 个,容量瓶 1 个,洗瓶 1 个,表面皿 2 个
4	红外线灯泡 1 个	10	XFG 挂槽浮选机 1 台
5	pH 计 1 台	11	移液管 2 个,盆若干
6	十二胺盐酸盐适量		

3. 无沫浮选法的实验步骤

(1)将待测试样石英纯矿物 3 g 放入烧杯中,加入适量水和十二胺盐酸盐,搅拌混合后移入单泡管中。

(2)开动电磁搅拌器,利用磁转子旋转产生的搅拌作用使矿粒保持悬浮状态,搅拌时间一般为 5 min。

(3)开启针阀,产生气泡,可浮矿粒与从底部吸入的气泡接触后附着在气泡上,并随着气泡上升,到达液面后气泡破裂,矿粒落入承矿管。

(4)关闭电磁搅拌器,将上浮矿粒和未浮矿粒分别放出,烘干、称重,记入表 1-2 中,并计算矿物回收率。

4. 数据处理

将实验数据记入表 1-2 中,计算矿物回收率,分析实验结果。

表 1-2 纯矿物浮选实验结果

浮选方法	上浮矿粒质量/g	未浮矿粒质量/g	矿物回收率/%
无沫浮选法			

三、任务评价

每个实训项目中的任务会以竞赛的形式进行评分,“理论实践要知道”任务环节需要各组分别出题互考互评,“无沫浮选法实验操作”任务环节需要分组拍摄操作视频,并将视频上传至网络教学平台,待大家实操结束后,分组相互观看视频,查漏补缺,扬长避短,相互评分,评出“本组之星”,完成组间互评并评出“最佳小组”,将评分填入任务考核评价表(见表 1-3)中。

表 1-3　任务考核评价表

<table>
<tr><td colspan="2">被考人</td><td colspan="2"></td><td colspan="2">考评时间</td><td></td></tr>
<tr><td colspan="2">考评内容</td><td colspan="5">纯矿物浮选实验</td></tr>
<tr><td colspan="2">考评指标</td><td>考评标准</td><td>分值</td><td>自我评价</td><td>组间互评</td><td>实际得分</td></tr>
<tr><td rowspan="5">专业知识技能掌握</td><td>理论实践要知道</td><td>掌握</td><td>10</td><td></td><td></td><td></td></tr>
<tr><td>无沫浮选法实验操作准确性</td><td>掌握</td><td>10</td><td></td><td></td><td></td></tr>
<tr><td>实验仪器与设备操作准确性</td><td>掌握</td><td>10</td><td></td><td></td><td></td></tr>
<tr><td>数据计算的准确性</td><td>掌握</td><td>10</td><td></td><td></td><td></td></tr>
<tr><td>实训报告的完整性</td><td>掌握</td><td>10</td><td></td><td></td><td></td></tr>
<tr><td rowspan="5">素质培养</td><td>出勤</td><td>按时到岗,学习准备就绪</td><td>10</td><td></td><td></td><td></td></tr>
<tr><td>道德自律</td><td>自觉遵守纪律,有责任心和荣誉感</td><td>10</td><td></td><td></td><td></td></tr>
<tr><td>学习态度</td><td>积极主动,不怕困难,勇于探索</td><td>10</td><td></td><td></td><td></td></tr>
<tr><td>团队分工合作</td><td>能融入集体,愿意接受任务并积极完成</td><td>10</td><td></td><td></td><td></td></tr>
<tr><td>好习惯养成</td><td>将实验器材分类、归位,并打扫卫生</td><td>10</td><td></td><td></td><td></td></tr>
<tr><td colspan="3">合计</td><td>100</td><td></td><td></td><td></td></tr>
<tr><td colspan="2">本组之星</td><td colspan="3"></td><td colspan="2" rowspan="2">两项评选活动是为了激励学生的学习积极性</td></tr>
<tr><td colspan="2">最佳小组</td><td colspan="3"></td></tr>
<tr><td colspan="2">填表说明</td><td colspan="5">1. 实际得分=自我评价(40%)+组间互评(60%)。
2. 考评满分为100分,60分以下为不及格,60~69分为及格,70~79分为中等,80~89分为良好,90~100分为优秀。
3. “本组之星”可以是本次实训活动中突出贡献者,也可以是进步最大者,同样可以是其他某一方面表现突出者。
4. “组间互评”由评审团讨论后为各组给予的最终评价。评审团由各组组长组成,当各组完成实训活动后,各组组长先组织本组内部进行商议,然后各组组长将意见带至评审团,评价各组整体工作情况,将各组互评分数填入其中,“最佳小组”是小组实际得分最高者</td></tr>
</table>

四、任务拓展

点石成金的方法：煤金团聚法

煤金团聚法（CGA）提金的基础是用油将亲油性的煤浸润而形成煤-油聚团物。在一定酸度和充分搅拌的条件下，亲油的金颗粒从矿浆中有选择性地被俘获到煤-油团聚物中。这些团聚物可循环吸附新鲜矿浆中的金粒直至很高的载金量，然后与矿浆分离。载金聚团再由湿法或火法处理提金。煤金团聚法回收金的原理如图 1-4 所示。

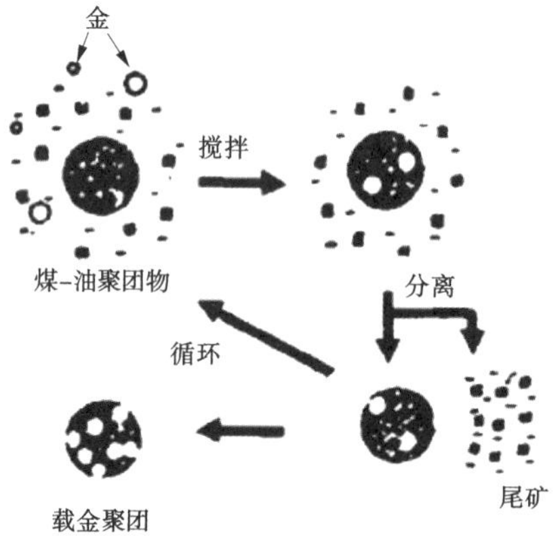

图 1-4　煤金团聚法回收金的原理

含金矿石在进行煤金团聚法提金之前要通过磨矿，使金粒尽可能地单体解离，经过擦洗、磨剥以除去金粒表面钝化薄膜，并加入调整剂、抑制剂和表面活性剂，改善金粒的亲油性，降低聚团中的脉石矿物。煤-油团聚物可以反复循环，直到载金聚团上的载金量达到饱和，然后采用过筛或浮选的方法将载金聚团从矿浆中分离出来。

拓展小知识

石英

石英是地球表面分布最广的矿物之一，石英有多种类型，日用陶瓷原料所用的有脉石英、石英砂、石英岩、砂岩、硅石、蛋白石、硅藻土等。石英跟普通砂子、水晶是“同出娘胎”的一种物质。

石英的用途也相当广泛。远在石器时代，人们用它制作石斧、石箭等简单的生产工具，以猎取食物和抗击敌人。石英钟、电子设备中把压电石英片用作标准频率。石英熔融后制成的玻璃，可用于制作光学仪器、眼镜、玻璃管和其他产品，还可以作为精密仪器的轴承、研磨材料、玻璃陶瓷等工业原料。

石英晶体内含有细小的气泡或液体充填裂隙时，会通过干涉光产生彩虹，能制成精美的首饰。拿破仑的妻子约瑟芬皇后拥有一个令人眼花缭乱的宝石藏品，就是彩虹石英制成的首饰。

石英因含各种杂质，颜色各异，有以下几种：

（1）水晶：无色透明。

（2）紫水晶：紫色透明或半透明，加热可脱色。

（3）蔷薇石英：浅玫瑰色，致密半透明。

（4）烟水晶：颜色或褐色透明异种，是在辐射线作用下，Si 被 Al 代替，是四面体产生顺磁中心缺失引起的。颜色进一步加深就成为墨晶。

（5）黄水晶：黄金色或柠檬黄色。

彩虹石英

紫水晶

任务二　纯矿物浮选——泡拣法

一、任务描述

某铁矿选矿厂现在正在进行铁矿选矿厂改造项目，想将原来的阶段磨矿—单一磁选—细筛再磨流程，改造为对细筛筛下精矿增加阳离子反浮选工艺，经一次粗选、一次精选获得最终精矿，反浮选泡沫经浓缩磁选后再磨，磁选精矿返回反浮选作业再选。现需要对纯矿物石英和阳离子药剂十二胺盐酸盐应用泡拣法进行纯矿物浮选实验，确定出石英浮选的最佳药剂条件，为指导铁矿选厂改造项目提供数据支持。本任务的要求是通过“理论实践要知道”的学习，拓宽自己的理论知识和实践知识领域，然后对选矿厂原矿的纯矿物石英加药剂十二胺盐酸盐作用，应用泡拣法进行纯矿物浮选实验。

二、任务实施

（一）理论实践要知道

理论链接：浮选药剂——胺类表面活性剂

胺类表面活性剂是矿物浮选常用的一类阳离子捕收剂，由于其在水中水解形成 $-NH_3^+$ 基团，这种带正电的基团与矿物表面发生吸附作用，烃基部分具有很强的疏水性，使得矿物表面疏水，所以称为阳离子捕收剂。在一定的介质条件下，$-NH_3^+$ 基团能有效捕收呈负电性的硅酸盐矿物及金属氧化矿物等，阳离子表面活性剂与矿物表面有较强的半胶束吸附，进一步形成矿物与捕收剂分子的吸附基团，且在使用时受温度影响较小，基本不存在低温条件下捕收能力减弱的弊端，所以胺类药剂成为浮选硅酸盐矿物、金属氧化矿物等较优的选择。但是，由于胺类捕收剂在浮选中存在泡沫黏、选择性差、对矿泥较敏感等缺点，限制了其在实际应用中的推广。因此，许多研究者在胺类药剂在矿物浮选中的应用、表面电性、吸附能及模拟计算等方面进行了深入研究，同时针对胺类捕收剂的弊端进行了改良，提高了其浮选性能，不断研制出了新型的胺类捕收剂。

查一查：分组查阅文献资料，分享新型的胺类捕收剂制备的真实案例。

案例分享

实践链接一：选矿厂实际生产小知识

选矿厂现场如何有效地使用胺类捕收剂？

胺类捕收剂由于解离后能产生带有疏水烃基的阳离子，故又称为阳离子捕收剂。主要用于捕收石英、硅酸盐、铝硅酸盐、有色金属氧化矿及钾盐等，还用于铁矿石反浮选除石英。为了更好地发挥其药效，使用时应注意以下几点：

（1）使用前先制成易溶于水的胺盐。胺是一种淡黄色的蜡状膏状物，不溶于水。为了提高其水溶性，使用前可以用盐酸和胺以 1∶1的比例配成胺盐，胺盐易溶于水。加热水溶化后，再用水稀释成 0.1%～1%的水溶液使用。反应式如下：

$$RNH_2 + HCl \longrightarrow RNH_2 \cdot HCl$$

（2）要控制好矿浆的 pH 值。胺在矿浆中可以呈分子状态（RNH_2），也可以呈阳离子状态（RNH）。主要以何种状态存在，取决于矿浆的 pH 值。当矿浆的 pH 值大于 10.65 时，主要以分子状态存在；当矿浆的 pH 值小于 10.65 时，主要以阳离子状态存在。有的矿物（如菱锌矿）主要与分子态的胺作用，浮选时则要求矿浆的 pH＝11。而有的矿物主要与胺的阳离子作用，例如铁矿石反浮选时，用胺捕收石英，则要求矿浆 pH＝8～9。因此，在用胺类捕收剂时，一定要针对不同的矿物确定不同的 pH 值范围，才能起到好的捕收效果。

（3）浮选前应当脱除矿泥。如果浮选物料含有矿泥，胺能优先吸附于矿泥上而降低其选择性。另外，由于胺兼有起泡性，与矿泥会形成大量黏性泡沫，造成操作过程难以控制和脱水困难，因此浮选前应当脱除矿泥。

（4）胺类捕收剂不能和阴离子捕收剂同时加入。这是因为这两类药剂的离子在溶液中会互相反应，生成较高分子量的不溶性盐，会降低胺的捕收作用。

(5)胺可以与中性油(煤油或柴油)共用，这样可以提高捕收效果，且降低胺的用量。

实践链接二：选矿厂案例分享(铁矿反浮选)

某选矿厂简介

某铁矿位于鞍山市千山区，年设计生产能力 1 700 万 t 铁矿石，是鞍钢集团的主要铁矿石基地之一。

某选矿厂原矿经一段磨矿分级后，一次溢流经水力旋流器粗细分级，粗粒产品由螺旋溜槽处理，细粒经弱磁、强磁选别，混磁精反浮选。粗、细粒两者均产出最终精矿。扫中磁尾矿、强磁尾矿和反浮选尾矿合并为综合尾矿。综合选别指标为铁精矿品位 67.5%，金属回收率 75%。工艺流程如图 1-5 所示。

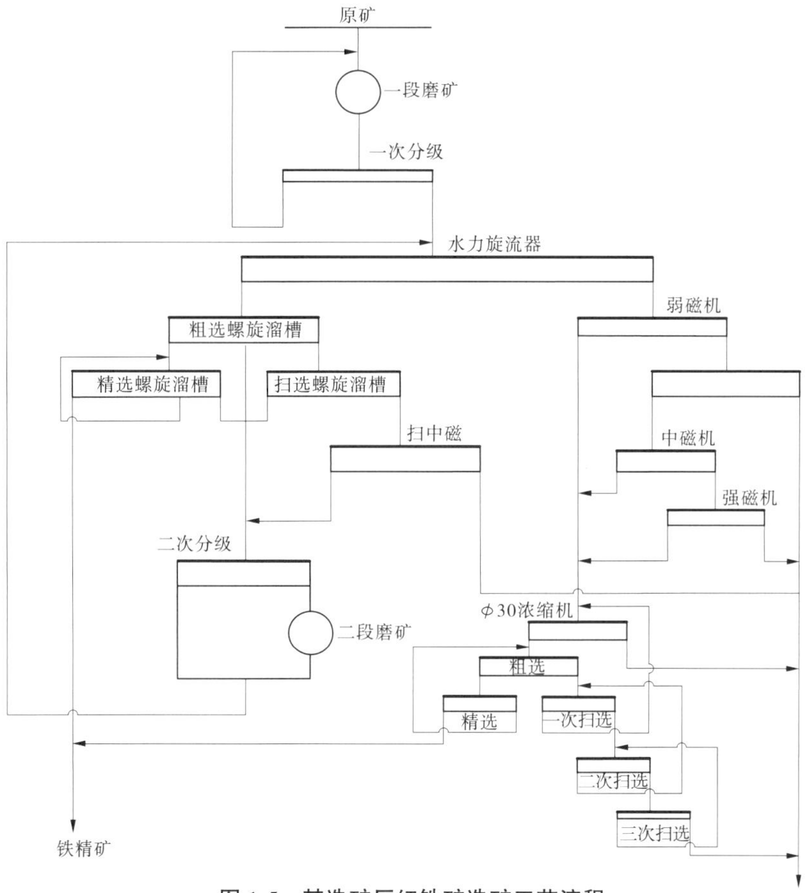

图 1-5 某选矿厂红铁矿选矿工艺流程

(二)泡拣法实验操作

1. 实验原理

泡拣法是用一根能产生单个气泡的玻璃管进行实验。通过测量单个气泡捕集的矿粒数(或称泡拣指数)来确定最佳的药剂条件。泡拣指数可用下式计算：

$$P_1 = \frac{P_n}{P} \times 100\%$$

式中 P_1——泡拣指数；

P_n——在任一实验条件下拣出的矿粒数；

P——在最佳条件下，同一矿物拣出的颗粒数。

2. 物料、仪器和试剂

泡拣法纯矿物浮选实验所需物料、仪器和试剂明细如表 1-4 所示。

表 1-4　实验所需物料、仪器和试剂明细

序号	名称	序号	名称
1	石英纯矿物 100 g(0.075~0.15 mm)	7	显微镜 1 台
2	单泡浮选实验装置 1 套	8	电磁搅拌器 1 台
3	带起泡嘴的玻璃管 1 根	9	量烧杯 2 个，容量瓶 1 个，洗瓶 1 个，表面皿 2 个
4	红外线灯泡 1 个	10	XFG 挂槽浮选机 1 台
5	pH 计 1 台	11	移液管 2 个，盆若干
6	十二胺盐酸盐适量		

3. 实验步骤

(1)将浓度为 5%的石英纯矿物矿浆置于烧杯中。

(2)用 0.1%的稀盐酸调节矿浆 pH 值为 8，加入约 40 mg/L 的十二胺盐酸盐，放在电磁搅拌器上，启动搅拌器搅拌 3 min，使矿粒与药剂充分作用。

(3)通过玻璃管底部的起泡嘴产生一个气泡，并使其与矿粒接触直至发生附着。

(4)将粘有矿粒的气泡提起并转移到表面皿上。

(5)用红外线灯泡烘干表面皿，并在显微镜下观察拣出的矿粒数，记入表 1-5 中。

(6)重复步骤(3)、(4)、(5)，检测 4 次数据，将数据记入表 1-5 中，并计算平均拣出的矿粒数。

(7)改变药剂用量或矿浆 pH 值条件，重复步骤(2)~(6)，并将数据记入表 1-5 中。

(8)分析表中数据，计算泡拣指数，分析实验结果，获得适宜浮选条件。

4. 数据处理

将实验数据记入表 1-5 中，计算泡拣指数，分析实验结果。

表 1-5　泡拣法浮选实验结果

<table>
<tr><td rowspan="2">实验条件</td><td colspan="5">拣出的颗粒数 P_n/个</td><td rowspan="2">泡拣指数
（$P_1=P_n/P\times100\%$）</td></tr>
<tr><td>1</td><td>2</td><td>3</td><td>4</td><td>平均</td></tr>
<tr><td></td><td></td><td></td><td></td><td></td><td></td><td></td></tr>
<tr><td></td><td></td><td></td><td></td><td></td><td></td><td></td></tr>
<tr><td></td><td></td><td></td><td></td><td></td><td></td><td></td></tr>
<tr><td></td><td></td><td></td><td></td><td></td><td></td><td></td></tr>
</table>

三、任务评价

每个实训项目中的任务会以竞赛的形式进行评分，“理论实践要知道”任务各组分别出题互考互评，“泡拣法实验操作”任务分组拍摄操作视频，并将视频上传至网络教学平台，待实操结束后，分组相互观看视频，查漏补缺，扬长避短，相互评分，评出“本组之星”，完成组间互评并评出“最佳小组”，将评分填入任务考核评价表（见表 1-6）中。

表 1-6　任务考核评价表

<table>
<tr><td colspan="2">被考人</td><td colspan="2"></td><td colspan="2">考评时间</td><td></td></tr>
<tr><td colspan="2">考评内容</td><td colspan="5">纯矿物浮选实验</td></tr>
<tr><td colspan="2">考评指标</td><td>考评标准</td><td>分值</td><td>自我
评价</td><td>组间
互评</td><td>实际
得分</td></tr>
<tr><td rowspan="5">专业知识技能掌握</td><td>理论实践要知道</td><td>掌握</td><td>10</td><td></td><td></td><td></td></tr>
<tr><td>泡拣法实验
操作准确性</td><td>掌握</td><td>10</td><td></td><td></td><td></td></tr>
<tr><td>实验仪器与设备
操作准确性</td><td>掌握</td><td>10</td><td></td><td></td><td></td></tr>
<tr><td>数据计算的准确性</td><td>掌握</td><td>10</td><td></td><td></td><td></td></tr>
<tr><td>实训报告的完整性</td><td>掌握</td><td>10</td><td></td><td></td><td></td></tr>
<tr><td rowspan="5">素质培养</td><td>出勤</td><td>按时到岗，学习准备就绪</td><td>10</td><td></td><td></td><td></td></tr>
<tr><td>道德自律</td><td>自觉遵守纪律，有责任心和荣誉感</td><td>10</td><td></td><td></td><td></td></tr>
<tr><td>学习态度</td><td>积极主动，不怕困难，勇于探索</td><td>10</td><td></td><td></td><td></td></tr>
<tr><td>团队分工合作</td><td>能融入集体，愿意接受任务并积极完成</td><td>10</td><td></td><td></td><td></td></tr>
<tr><td>好习惯养成</td><td>将实验器材分类、归位，并打扫卫生</td><td>10</td><td></td><td></td><td></td></tr>
<tr><td colspan="3">合计</td><td>100</td><td></td><td></td><td></td></tr>
<tr><td colspan="2">本组之星</td><td colspan="3"></td><td colspan="2" rowspan="2">两项评选活动是为了激励学生的学习积极性</td></tr>
<tr><td colspan="2">最佳小组</td><td colspan="3"></td></tr>
</table>

续表 1-6

填表说明	1. 实际得分=自我评价(40%)+组间互评(60%)。 2. 考评满分为 100 分,60 分以下为不及格,60~69 分为及格,70~79 分为中等,80~89 分为良好,90~100 分为优秀。 3. “本组之星”可以是本次实训活动中突出贡献者,也可以是进步最大者,同样可以是其他某一方面表现突出者。 4. “组间互评”由评审团讨论后为各组给予的最终评价。评审团由各组组长组成,当各组完成实训活动后,各组组长先组织本组内部进行商议,然后各组组长将意见带至评审团,评价各组整体工作情况,将各组互评分数填入其中,“最佳小组”是小组实际得分最高者

四、任务拓展

点石成金的方法:石蜡法

石蜡法提金是基于在 70 ℃左右的矿浆中液态石蜡在金颗粒上选择性黏附,在随后冷却的矿浆中液态石蜡固化,金颗粒包含在固体石蜡相中而与其他矿物和脉石矿物分离。

石蜡是无毒、价格低廉和高度疏水性物质,其熔点为 66.5 ℃,密度为 0.819 2~0.824 3 g/cm^3。该工艺在 25%浓度的矿浆中进行,加热至 68 ℃,即稍高于石蜡熔点。在此温度下加入矿浆中的石蜡开始熔化,随后经搅拌使石蜡分散,并使之与矿物接触。停止搅拌后,金粒选择性地附着在石蜡上。冷却至室温后,由于石蜡密度小,含金固体石蜡飘浮在矿浆表面被分离,最后从中回收金。

石蜡法提金的模型如图 1-6 所示。

图 1-6　石蜡法提金的模型

该工艺过程简单,操作方便,成本低,不污染环境,适宜于回收单体解离的各种粒度的金。作为一种无污染提金技术,有可能替代混汞工艺。

拓展小知识

黄金

黄金是化学元素金(Au)的单质形式,是一种软的、金黄色的、抗腐蚀的贵金属。金是较稀有、较珍贵和极被人看重的金属之一。金的密度为 19.3 g/cm^3,熔点为 1 064.4 ℃,具有极高的传热性和导电性。纯金具有良好的抗化学腐蚀性,是最好的电镀材料。金不仅是用于储备和投资的特殊通货,而且是首饰业、电子业、现代通信、航天航空业等行业的重要材料。

(1)金的颜色:金被熔化时发出的蒸气是黄绿色的;冶炼过程中的金粉通常是啡色的;若将它铸成薄薄的一片,它更可以传送绿色的光线。

(2)金的延展性:所有金属中,金的延展性最好,一克纯金可拉成长达 3 500 m 以上的细丝,可碾成厚度为 0.23×10^{-3} mm 的金箔。其延展性令它易于铸造,是制造首饰的佳选。但当金中含有铅、铋、碲、铬、锑、砷、锡等杂质时,其机械性能明显下降,如金中含 0.01%的铅时,性变脆;金中含铋达 0.05%时,甚至可用手搓碎。

(3)金的可锻性:黄金有极强的可锻性,可以敲打成很薄的金箔,现在世界上最薄的金箔只有 0.47 nm,差不多2个原子的厚度,1 g 黄金可敲打出约 0.47 m^2 的金箔。古代人将它锤成薄片,铺在庙宇和皇宫建筑上面做装饰。这些都可以说明黄金拥有的柔韧性、可锻性。

任务三　纯矿物浮选——挂槽浮选法

一、任务描述

某铁矿选矿厂正在进行铁矿选厂改造项目,想将原来的阶段磨矿—单一磁选—细筛再磨流程,改造为对细筛筛下精矿增加阳离子反浮选工艺,经一次粗选、一次精选获得最终精矿,反浮选泡沫经浓缩磁选后再磨,磁选精矿返回反浮选作业再选。现需要对纯矿物石英添加阳离子药剂十二胺盐酸盐后应用挂槽浮选法进行浮选实验,确定石英浮选的回收率,为指导铁矿选厂改造项目提供数据支持。本任务的要求是通过“理论实践要知道”的学习,拓宽自己的理论知识和实践知识领域,然后对石英纯矿物应用挂槽浮选法进行纯矿物浮选实验，最终将原矿的纯矿物浮选的数据指标反馈于某铁矿选矿厂。

二、任务实施

（一）理论实践要知道

理论链接：浮选机的结构和分类

1. 浮选机的结构

浮选机是浮游选矿机的简称，是指完成浮选过程的机械设备。浮选机的结构如图 1-7 所示，由承浆槽、搅拌装置、充气装置、排出矿化泡装置、电动机等组成，主要用于选别铜、锌、铅、镍、金等有色金属，也可以用于黑色金属和非金属的粗选和精选。浮选机由电动机三角带传动带动叶轮旋转，产生离心作用形成负压，一方面吸入充足的空气与矿浆混合，一方面搅拌矿浆与药物混合，同时细化泡沫，使矿物附着在泡沫之上，浮到矿浆面再形成矿化泡沫。调节闸板高度，控制液面，使有用泡沫被刮板刮出，其余部分则保留在矿浆中，以达到分离矿物的目的。浮选技术经济指标的好坏，与所用的浮选机的性能好坏密切相关。

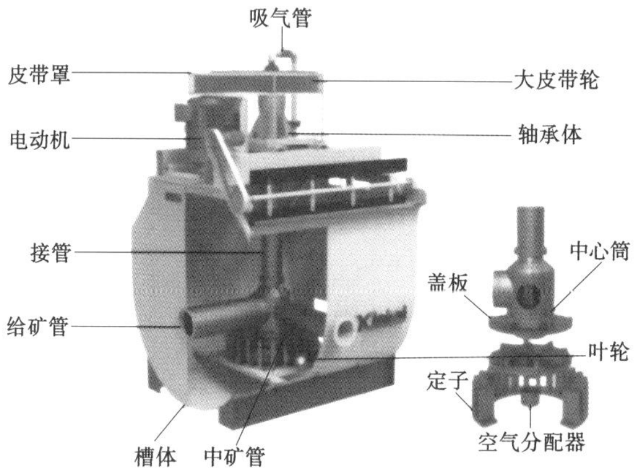

图 1-7　浮选机的结构

浮选机自下而上大体划分为搅拌区、分离区和泡沫区，如图 1-8 所示。其中，在分离区，矿粒向气泡附着，是形成矿化气泡的关键过程。此区应保证足够的容积和高度，并与搅拌区和泡沫区形成明显的界限，以利于矿物分选。

2. 浮选机的分类

目前，国内外浮选设备多达数十种，其分类方法也不一致，但实际生产中使用的浮选机按充气和搅拌方式不同，可分为以下 4 种基本类型：

（1）机械搅拌式浮选机。这类浮选机是靠机械搅拌器（转子和定子组）来实现对矿浆的充气和搅拌。

（2）充气搅拌式浮选机。这类浮选机是靠机械搅拌器旋转来搅拌矿浆，外部压入空气充气。

（3）气压式浮选机。这类浮选机的特点是既没有机械搅拌器，也没有传动机构，它是靠外部风源送入压缩空气对矿浆进行充气和搅拌。其可细分为单纯压气式和气升式

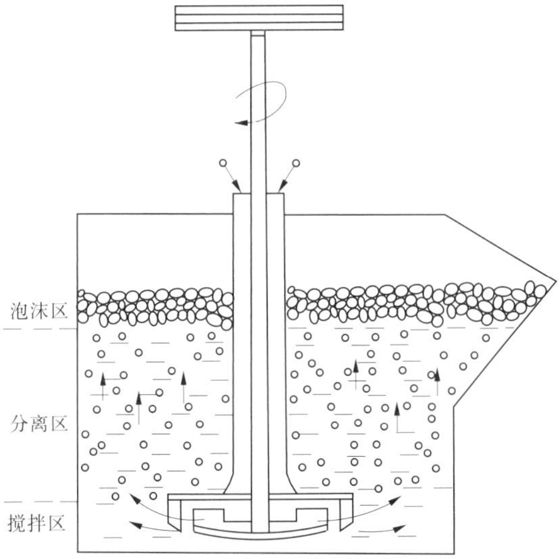

图 1-8 气泡在机械搅拌式浮选机内运动示意

两类。

(4)气体析出式(变压式)浮选机。这类浮选机是通过改变矿浆内气体压力的方法,使气体从矿浆内析出大量微泡,并使矿浆搅拌。其可细分为真空式(抽气降压式)和加压式两类。

浮选机按其槽体结构,可分深槽式浮选机、浅槽式浮选机;按泡沫产品的排出方式,又可分为刮板式浮选机、自溢式浮选机。

现将国内外常用浮选机加以归类,列入表 1-7 中。

表 1-7 浮选机的分类

类别	充气方式	浮选机名称		特点
		国内	国外	
机械式	机械搅拌式	XJK 型(A 型)、JJF 型、XJQ 型、SF 型、JQ 型、棒型及环射式浮选机等	FW 型(法连瓦尔德)、EMCO(威姆科)MP 型、(米哈诺布尔)WN 型(瓦尔曼)等	优点:自吸空气和矿浆,不需外加空气装置;中矿返回时易实现自流,易配置和操作等。 缺点:充气量小、能耗高、磨损较大等
	充气搅拌式	CHF-X14m^3、XJC 型、XJCQ 型、LCH-X 型、KYF 型、JK 型等	AG 型(阿基泰尔)、MX 型(马克思韦尔)丹佛 D-R 型、BFP(萨拉)等	优点:充气量大,气量可调节,磨损小,电耗低。 缺点:无吸气和吸浆能力,配置不方便,需增加压风机和矿浆返回泵

续表 1-7

<table>
<tr><th rowspan="2">类别</th><th rowspan="2" colspan="2">充气方式</th><th colspan="2">浮选机名称</th><th rowspan="2">特点</th></tr>
<tr><th>国内</th><th>国外</th></tr>
<tr><td rowspan="4">空气式</td><td rowspan="2">气压式</td><td>单纯压气式</td><td></td><td>CALLOW 型(卡洛)、MACLNTOSH 型(马洛伦托什)等</td><td rowspan="2">优点:结构简单,易制作,能耗低、单位容积处理量大。
缺点:充气器结垢,不利于空气弥散;设有搅拌器,浮选指标受到一定影响</td></tr>
<tr><td>气升式</td><td></td><td>SW 型(浅槽气升)、EKOF 型(埃柯夫)</td></tr>
<tr><td rowspan="2">气体析出式</td><td>真空式</td><td></td><td>ELMORE 型(埃尔莫尔)、COPPEe 型(科坡)等</td><td rowspan="2">充其量大,浮选速度快,处理量大,能耗低,占地面积小</td></tr>
<tr><td>加压式</td><td>XPM 型(喷射旋流式)</td><td>WEDAG 型(维达格)、DAVCRA 型(达夫科勒)等</td></tr>
</table>

实践链接一:选矿厂实际生产小知识

1. 优质浮选机应具备的条件

浮选机主要应用于矿山选矿,在浮选工艺中,是实现矿物浮选分离的基本设备。浮选机和普通机器一样,除要保证工作可靠、耐磨、省电、价格低廉并易于制造外,还要满足浮选工艺的特殊需要。在选择浮选机时需要符合以下基本要求:

(1)良好的充气作用。气泡是矿物选择性分离的分选界面,又是浮选疏水性矿物的运载工具。浮选机必须保证能向矿浆中吸入(压入)足量的空气,并使这些空气在矿浆中充分弥散,以便形成大量大小适中的气泡,同时这些气泡又能均匀地在浮选槽内分布。

(2)搅拌作用。矿粒在浮选机内的悬浮效率,是影响矿粒向气泡附着的另一个重要方面。搅拌造成矿粒悬浮,还能使矿粒在浮选槽内均匀分布,从而创造矿粒和空气充分接触的良好条件。此外,可促使某些难溶性药剂的溶解和分散。

(3)循环流动作用(能形成比较平稳的泡沫区)。一定厚度的矿化泡沫区中,矿化泡沫层能滞留目的矿物,又能使一部分夹杂的脉石从泡沫中脱落,以便进行“二次富集作用”。

(4)能连续工作及便于调节。浮选机应该有相应的受矿、刮泡和排矿机构,还要有调节和控制机构,以调节矿浆水平面、泡沫层厚度及矿浆流动速度。

(5)在现代浮选机中,实现选矿厂的自动化,要求浮选机工作可靠,零部件使用寿命长,浮选机操纵装置必须有程序模拟和远距离控制能力。

2. 浮选机使用前的准备工作

浮选机主要由承浆槽、搅拌装置、充气装置、排出矿化泡装置、电动机等组成,主要用于有色金属、黑色金属及非金属矿的粗选、精选、扫选和反选等选矿作业。其具有充气量大、功耗低、效率高、寿命长等特点。

浮选机在运转前需要做的检查工作有以下几项：

(1)检查机架、电机座、主轴承上螺丝是否松动、接点是否良好。

(2)检查浮选机槽体是否泄漏、槽内是否有杂物。

(3)检查刮板和刮板轴是否完好。

(4)检查矿浆管是否通畅无阻，各润滑点是否有油。

(5)检查三角带松紧是否适宜、是否有断裂痕迹。

(6)检查带轮安装有无松动现象，开关箱刀闸是否完好。

实践链接二：选矿厂案例分享

某选矿厂新线钼矿浮选案例

某钼业集团有限公司是我国也是亚洲最大的钼生产基地，某选矿厂担负其 2/3 以上的钼精矿生产任务。某选矿厂于 1975 年 8 月动工建设，1983 年 10 月正式投料生产，设计处理量 15 000 t/d，年处理能力 495 万 t，选钼回收率 85.2%，钼精矿品位 45%。经过不断改进完善和技术创新，加上 2011 年新建成的万吨生产线，选矿厂现处理能力达到 3.2 万 t/d，可生产 52%的普通钼精矿和 57%的高品位钼精矿，目前是我国乃至亚洲最大的钼选矿厂。

磨矿分级作业包括一段磨矿分级、粗精矿再磨分级及精选泡沫擦洗。一段磨矿分级工艺流程为带有检查分级的流程，10 个磨矿系列均采用图 1-9 所示流程；粗精矿再磨分级工艺流程为兼有预先分级和检查分级的流程，3 个浮选系统均采用图 1-10 所示流程；精选泡沫擦洗工艺流程如图 1-11 所示。

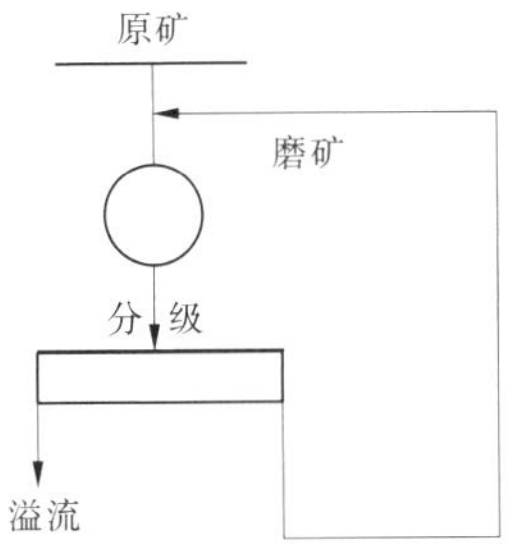

图 1-9 一段磨矿分级工艺流程

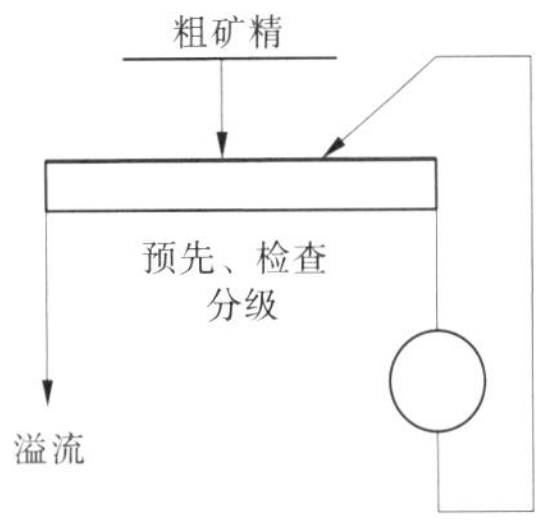

图 1-10 粗精矿再磨分级工艺流程

图 1-11 精选泡沫擦洗工艺流程

磨浮车间钼浮选工艺流程为优先浮钼,粗尾选硫,硫尾选铁,精矿再磨再选,精尾选铜。

1. 钼精选

4 个系统均采用一次粗选、两次粗扫选、一次粗精选的工艺流程,如图 1-12 所示。

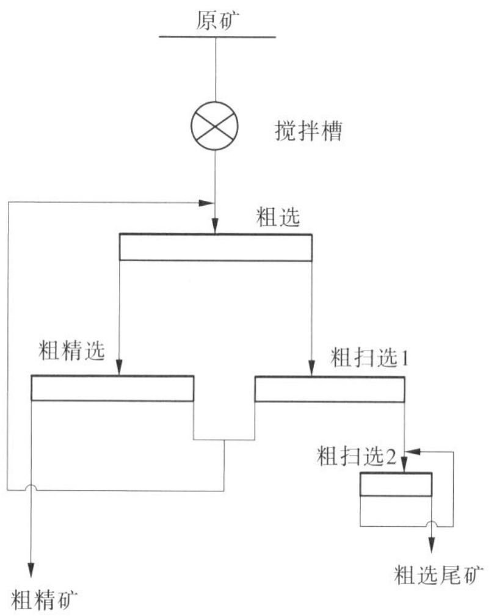

图 1-12　钼粗选工艺流程

2. 钼粗选

磨浮车间钼精选一系统采用 1 次精粗选、2 次精扫选、8 次浮选机精选工艺流程,如图 1-13 所示,二系统新工艺采用 1 次精粗选、2 次精扫选、2 次浮选机精选、4 次浮选柱精选工艺流程,如图 1-14 所示;三系统新工艺采用 1 次浮选柱精粗选、2 次精扫选、4 次浮选柱精选工艺流程,如图 1-15 所示。

百花岭选矿厂的选矿技术进步历程用实践表明,无论是过去、现在,还是将来,科技创新工作不但不能削弱,而且要进一步加强,科技创新已经日益成为企业可持续发展的生命线。

(二)挂槽浮选法实验操作

1. 实验原理

单一纯矿物的浮选实验,一般采用 XFG 型挂槽浮选机,通常取 2~5 g 矿样在 30~50 mL 的浮选机中进行实验。用人工混合矿石进行实验时,浮选机容积可取 50~150 mL,一般根据矿样量来选择浮选机的容积。

2. 物料、仪器和试剂

挂槽浮选法纯矿物浮选实验所需物料、仪器和试剂的明细如表 1-8 所示。

3. 实验步骤

(1)取 5 g 矿样加入浮选槽中,并加水 30 mL,开动搅拌机搅拌 2 min。

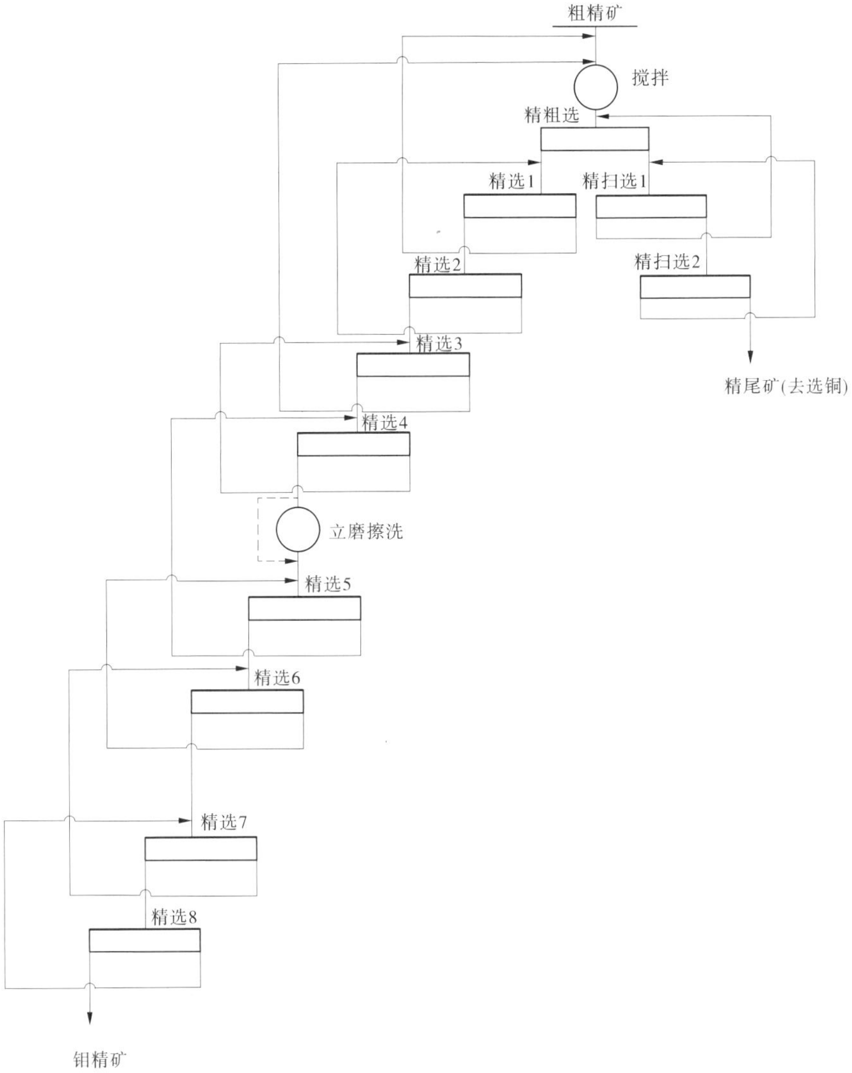

图 1-13　一系统钼精选工艺流程

(2)调节矿浆 pH 值约为 8,加入十二胺盐酸盐 40 mg/L,搅拌 3 min。

(3)插入分隔板,开始浮选,将泡沫用刮板刮入表面皿中,记录浮选时间。

(4)将放有泡沫产品的表面皿放入烘箱中烘干,称重,记入表 1-9 中,计算矿物回收率。

4. 数据处理

将实验数据记入表 1-9 中,计算矿物回收率,分析实验结果。

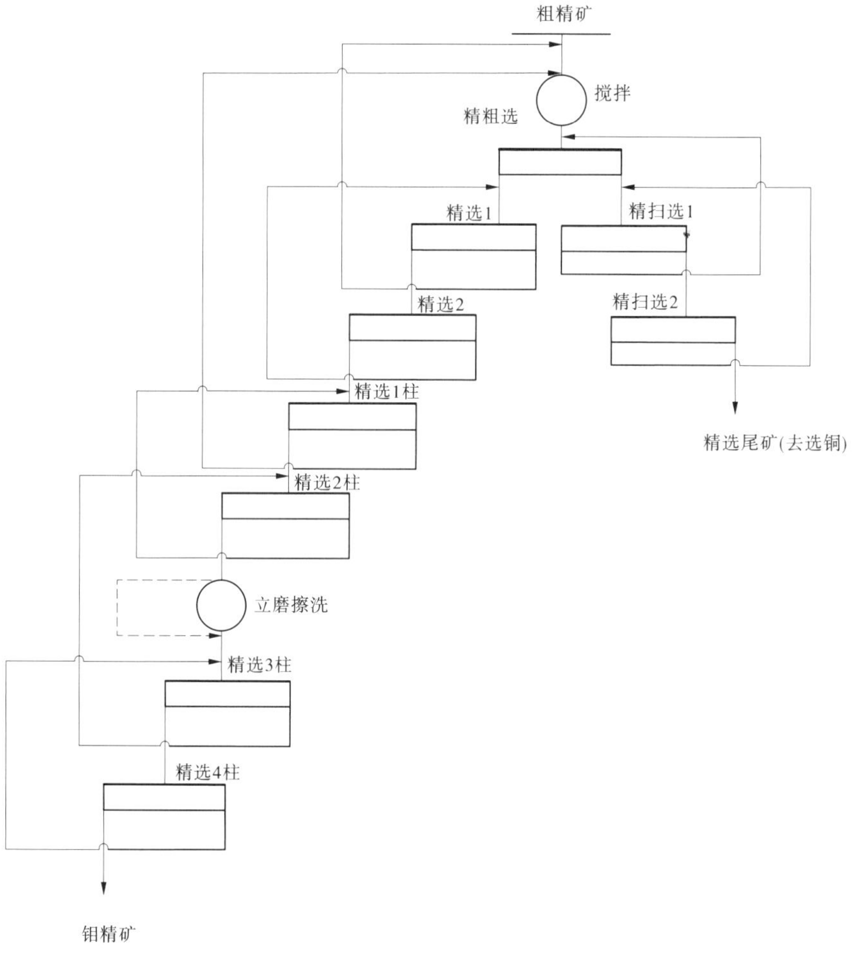

图 1-14　二系统钼精选工艺流程

表 1-8　实验所需物料、仪器和试剂明细

序号	名称	序号	名称
1	石英纯矿物 100 g(0.075~0.15 mm)	7	显微镜 1 台
2	单泡浮选实验装置 1 套	8	电磁搅拌器 1 台
3	带起泡嘴的玻璃管 1 根	9	量烧杯 2 个,容量瓶 1 个,洗瓶 1 个,表面皿 2 个
4	红外线灯泡 1 个	10	XFG 挂槽浮选机 1 台
5	pH 计 1 台	11	移液管 2 个,盆若干
6	十二胺盐酸盐若干		

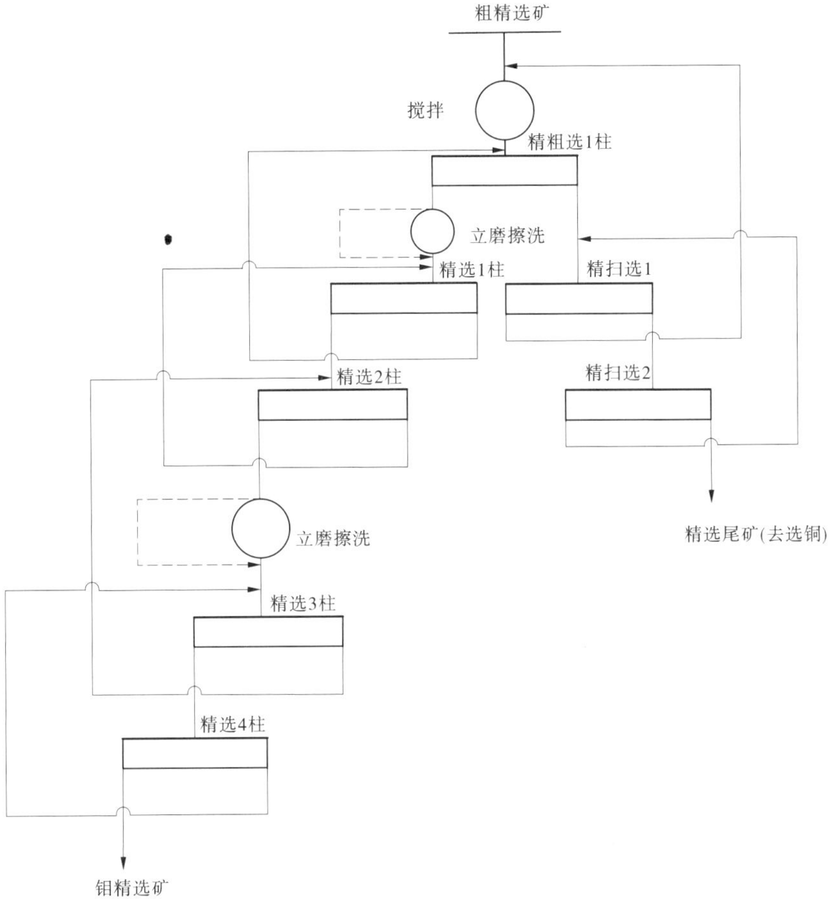

图 1-15 三系统钼精选工艺流程

表 1-9 纯矿物浮选实验结果

浮选方法	上浮矿粒质量/g	未浮矿粒质量/g	矿物回收率/%
挂槽浮选法			

三、任务评价

每个实训项目中的任务会以竞赛的形式进行评分，“理论实践要知道”任务各组分别出题互考互评，“挂槽浮选法实验操作”任务分组拍摄操作视频，并将视频上传至网络教学平台，待大家实操结束后，分组相互观看视频，查漏补缺，扬长避短，相互评分，评出“本组之星”，完成组间互评并评出“最佳小组”，将评分填入任务考核评价表(见表 1-10)中。

表 1-10　任务考核评价表

被考人			考评时间			
考评内容		纯矿物浮选实验				
考评指标		考评标准	分值	自我评价	组间互评	实际得分
专业知识技能掌握	理论实践要知道	掌握	10			
	挂槽浮选法实验操作准确性	掌握	10			
	实验仪器与设备操作准确性	掌握	10			
	数据计算的准确性	掌握	10			
	实训报告的完整性	掌握	10			
素质培养	出勤	按时到岗,学习准备就绪	10			
	道德自律	自觉遵守纪律,有责任心和荣誉感	10			
	学习态度	积极主动,不怕困难,勇于探索	10			
	团队分工合作	能融入集体,愿意接受任务并积极完成	10			
	好习惯养成	将实验器材分类、归位,并打扫卫生	10			
合计			100			
本组之星					两项评选活动是为了激励学生的学习积极性	
最佳小组						
填表说明		1. 实际得分=自我评价(40%)+组间互评(60%)。 2. 考评满分为 100 分,60 分以下为不及格,60~69 分为及格,70~79 分为中等,80~89 分为良好,90~100 分为优秀。 3. "本组之星"可以是本次实训活动中突出贡献者,也可以是进步最大者,同样可以是其他某一方面表现突出者。 4. "组间互评"由评审团讨论后为各组给予的最终评价。评审团由各组组长组成,当各组完成实训活动后,各组组长先组织本组内部进行商议,然后各组组长将意见带至评审团,评价各组整体工作情况,将各组互评分数填入其中,"最佳小组"是小组实际得分最高者				

四、任务拓展

新型浮选设备:浮选柱

(一)浮选柱的工作原理

浮选柱工作时,在矿浆中加入浮选药剂进行强烈搅拌,由中心给矿装置送入柱内。由于矿浆的重力作用,从柱内缓慢下降。压缩空气经过充气装置弥散成大量的微小气泡,均匀地分布在柱的整个断面上并徐徐上升。矿浆与气泡形成对流运动。在这种情况下,一部分可浮矿物附着于气泡而上浮至矿浆上面形成矿化气泡。从泡沫流槽自行溢出或用刮板将泡沫刮出,即为精矿。另一部分不浮的脉石不能附着于气泡上,从尾矿提升装置排出或进入下一作业处理,即为尾矿。

(二)浮选柱的应用范围及特点

浮选柱也称为柱式浮选机,是一种深槽型充气式浮选机,是我国新型浮选设备之一。许多选矿厂经实验研究已用于各种浮选作业之中,并获得了较好的效果,在有些浮选流程中能基本代替机械搅拌式浮选机或与一些其他型浮选机联合使用。目前,主要将浮选柱用在粗选作业中,而在精选作业中是不太适用的。主要是浮选精矿质量和回收率均不如浮选机,尤其是精矿质量。

浮选柱的技术规格常以浮选柱的直径 D 和高度 H 表示。目前有圆型和上方下圆型两种。

浮选柱的特点:结构简单,制造安装方便,生产维护容易,节省动力,占地面积小,基建费用低,“上马”快。

浮选柱的缺点:充气装置易结垢和堵塞,工作不稳定。这是值得研究并加以改进的主要问题。

拓展小知识

旋流静态微泡浮选柱

旋流静态微泡浮选柱的主体为柱式结构,包括柱浮选、旋流分选和管流矿化3个部分。

旋流静态微泡浮选柱分选方法的主要创新点有:

(1)三相旋流分选及与柱浮选结合。

(2)柱浮选的静态化与混合充填。

(3)射流成泡及管流矿化实施。

(4)梯级优化分选的形成。

该设备最先在选煤厂的细粒级和煤泥浮选中得到广泛应用,近年来用于钨矿、铜矿、萤石矿、钼矿、铁矿及铜渣浮选。

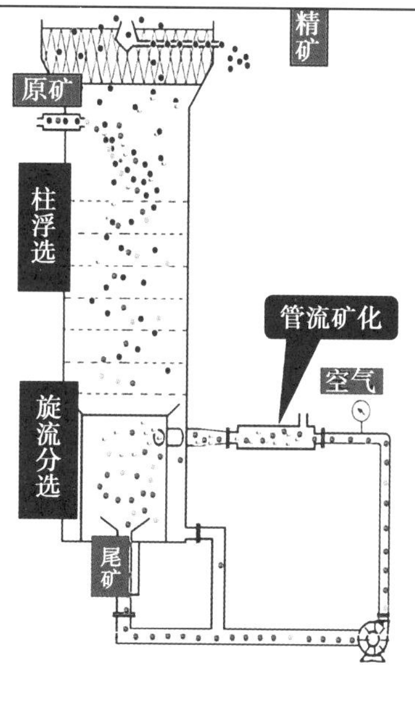

旋流静态微泡浮选柱分选原理图

项目巩固

选矿流程中各产物(包括中间产物)的产量即单位时间内生产出的该产物的质量,多用 Q 表示。

产物质量对于原矿质量之百分比,叫该产物的产率,用 γ 表示。即

$$\gamma = \frac{Q_{产品}}{Q_{原矿}} \times 100\%$$

产物中有价成分的质量对于该产物总质量之比称为该成分的品位,一般用百分数表示(但金、银的品位用 g/t 表示)。习惯上原矿、精矿和尾矿的品位分别用 α、β 和 ϑ 表示

精矿中有价成分的质量与原矿中该成分的质量之比的百分数称为回收率,以 ε 表示。即

$$\varepsilon = \frac{\gamma\beta}{\alpha} \times 100\%$$

原矿质量对精矿质量之比称为选矿比。

[**巩固练习题** 1-1] 纯矿物在实验之前,应该进行什么处理,以排除外来离子和各种污染的干扰?

[**巩固练习题** 1-2] 纯矿物浮选操作时,为了减小误差,应注意什么问题?

[**巩固练习题** 1-3] 常用的纯矿物浮选实验方法有哪些?各有什么优缺点?

[**巩固练习题** 1-4] 产量、产率、品位、回收率和选矿比各是如何定义和计算的?

[**巩固练习题** 1-5] 某选矿厂的规模为年处理铁矿石 40 万 t,全年连续生产 306 d,共生产精矿 16 万 t,原矿、精矿和尾矿品位分别为 32%、66%和 6%。计算出表 1-1 中相关指标,并将计算公式及过程写在表 1-11 中。

表 1-11

需计算技术指标名称	计算公式及过程
每小时的精矿产量	
精矿产率	
铁回收率	
选矿比	

项目二 浮选工艺条件实验

项目导读

浮选是浮游选矿技术的简称,是利用矿物表面物理化学性质差异,特别是表面润湿性,常用添加特定浮选药剂的方法来扩大物料间润湿性的差别,在固-液-气三相界面,有选择性地富集一种或几种目的矿物,从而达到与废弃物料分离的一种选别技术。图 2-1 所示为泡沫浮选过程示意框图。浮选是目前选矿厂中应用最广泛的选矿方法之一,可处理的矿物包含 90%以上的有色金属矿物及部分黑色金属、贵金属和非金属矿物,广受众多选矿主青睐。但浮选工艺也是最复杂的一种选矿方法,在浮选过程中不但需要考虑浮选药剂的选用及用量、加药时间,还需要考虑充气量和矿浆浓度、pH 值等问题。为了在正式投产前确定合适的浮选工艺流程、设备和药剂,更大程度地提高现场各项生产指标,提高矿物回收率,降低选矿成本,本项目以山东省某金矿选矿厂的含金硫化矿为实验材料,根据选矿厂的矿石性质对其进行条件实验,最终确定最优的分选条件及药剂制度。

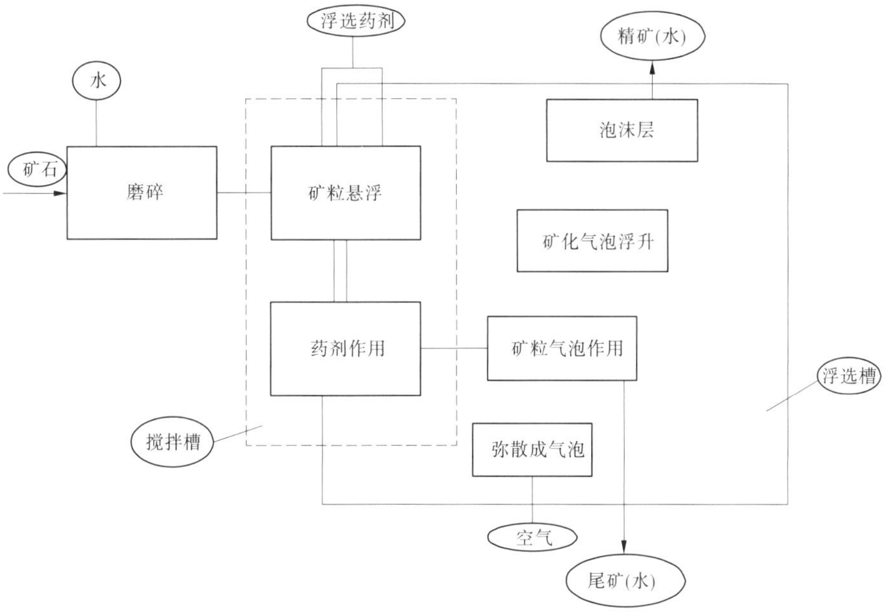

图 2-1 泡沫浮选过程示意框图

在预先实验的基础上，系统地考察各因素对浮选指标影响的实验，常称为浮选条件实验。通过实验，确定各因素对浮选过程的影响，并找出最佳浮选条件。

码 2-1　浮选条件实验

实验项目条件包括磨矿细度、调整剂（抑制剂、活化剂）、捕收剂、起泡剂、矿浆浓度、浮选时间等。本项目选取了浮选的基本条件、磨矿细度曲线的测定，磨矿细度、调整剂（抑制剂）以及捕收剂（单一药剂和混合药剂）对浮选的影响作为实验任务，来培养学生运用浮选实验方法对矿物的分选进行优化和探索的能力。

方法：一次一因素、多因素组合实验。

项目目标

知识目标

1. 通过不同的浮选条件实验，了解不同影响因素对分选效果的影响，确定最优的浮选条件及药剂制度。
2. 熟练掌握实验室磨矿、筛分、样品制备及浮选实验操作技术。
3. 正确处理实验数据，准确分析实验结果。
4. 准确分析矿石成分，正确选用合适的药剂制度。

能力目标

1. 学会应用所学的基本知识来解决实验中的实际问题的能力。
2. 培养独立思考、认真负责、对实验结果进行处理与分析的能力。
3. 掌握选矿实验的技术与方法，能够根据矿石性质，拟定浮选实验方案。培养熟练运用浮选实验方法对矿物的分选进行优化和探索的能力。
4. 自设计浮选实验，培养熟练运用对不同类型的矿石进行可选性研究的能力。
5. 培养精益求精、独具匠心的选矿工匠精神。

项目概览

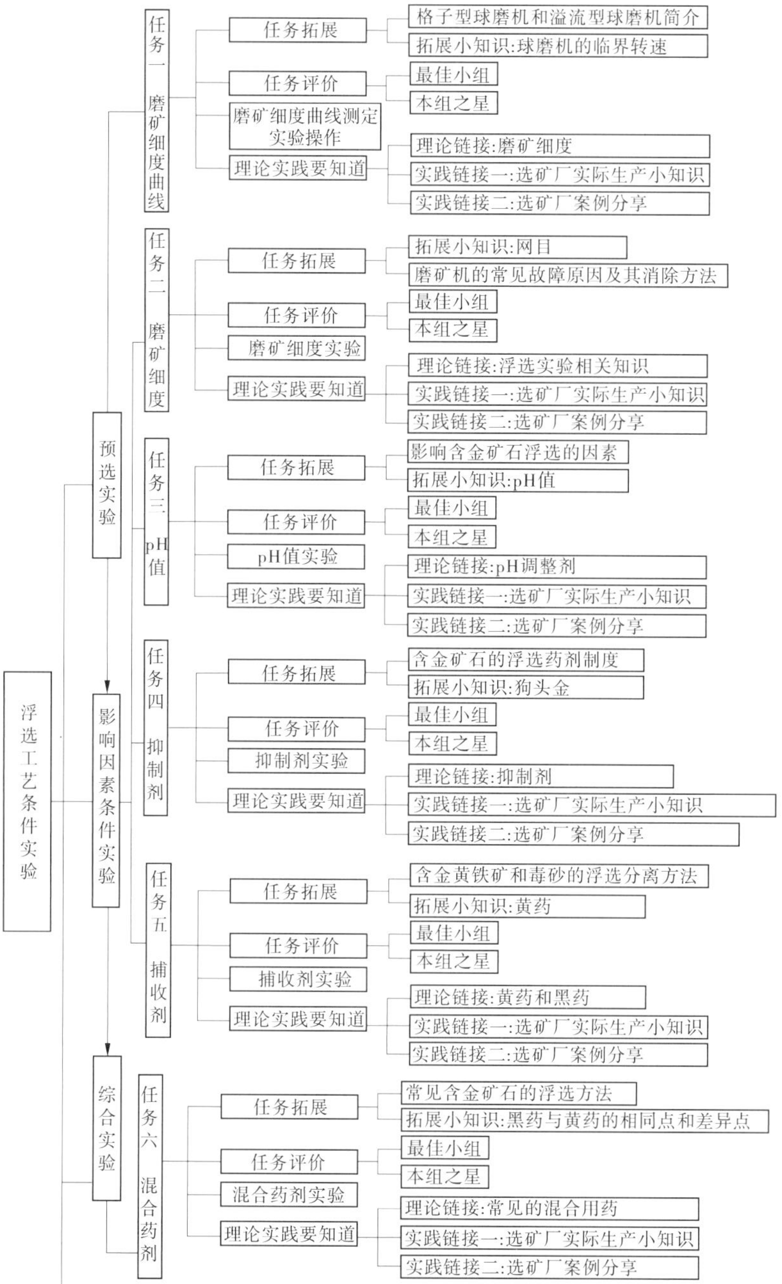

浮选的条件实验是在预先实验的基础上,系统地对每个影响因素进行实验,根据实验结果,分析各因素对浮选过程的影响,最后确定浮选的最佳条件。

任务一　磨矿细度与磨矿时间的关系——磨矿细度曲线

一、任务描述

山东省某金矿选矿厂设计生产规模为 6 000 t/d,生产工艺为破碎—磨矿—浮选—脱水流程,最终产品为金精矿。该金矿作为国内知名的大型黄金矿山企业,黄金产量逐年递增,经济效益不断提升,但随着开采深度不断地增加,选厂处理原矿性质发生了变化,现有设备及工艺流程的适应性不可避免地受到影响。本任务的要求是通过“理论实践要知道”的学习,拓宽自己的理论知识和实践知识领域,然后对选矿厂的原矿进行磨矿细度与磨矿时间关系的实验,最终绘制出标准的磨矿细度曲线。

二、任务实施

(一)理论实践要知道

理论链接:磨矿细度

物料的粉磨是在球磨机中进行的,球磨机筒体转动时将筒体内研磨介质带到一定高度后落下,研磨介质在运动过程中通过对物料的冲击和磨剥作用,实现了对物料的粉碎。将物料磨矿至合适的细度,是物料分选的前提条件。

球磨机的磨矿细度是指磨矿产品中 200 目以下(<0.074 mm)粒度所占的比例。

磨矿细度需要根据矿物的性质、后续的选矿方式、磨矿实验来确定,在选矿过程中,如果磨矿的成品粒度过粗,会影响到精矿品位和回收率,但是如果磨矿的成品粒度过细,也会降低选别效果。很多有用矿物无法提取,造成有用矿物的流失,所以磨矿细度需要控制在合理范围之内。

影响磨矿过程的因素有很多,属于物料性质方面的有矿石的可磨度、给料粒度、产品粒度,属于球磨机机构方面的有球磨机规格、球磨机型式、衬板形式,属于球磨机操作方面的有介质形状、介质尺寸、介质配比、介质材质、介质充填率、球磨机转速、返砂比、分级效率、磨矿浓度和料浆黏度等。因此,选择合适结构的球磨机,优化磨矿工艺参数,对提高磨矿效率具有重要的作用。

查一查:查阅资料和文献,分享一下通过调节磨矿过程的影响因素来改变磨矿细度的实际案例。

项目分享

实践链接一：选矿厂实际生产小知识

1. 实际生产中什么叫作球磨机“胀肚”？危害有哪些？

（1）球磨机“胀肚”：稳定工作状态下的球磨机见图 2-2，进入球磨机的物料量应与从球磨机排出的物料量相等。由于某种原因（如返砂量变大、原矿量变大等）使进入球磨机的物料量变大，超过了球磨机本身允许的最大通过能力而排不出来，在球磨机内逐渐积累，使球磨机失去磨矿作用，这种现象称为球磨机的“胀肚”。

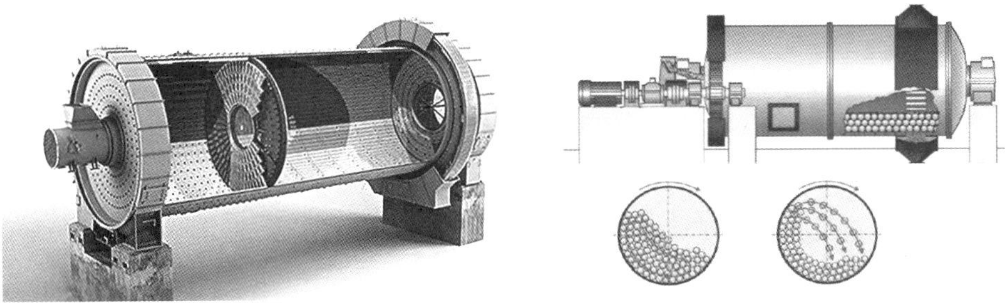

图 2-2　球磨机的结构与原理

（2）球磨机“胀肚”的危害：“胀肚”不但使球磨机失去对矿石的磨碎作用，或磨碎能力降低，破坏了磨矿的稳定工作，而且处理“胀肚”也将给后续作业（选别）造成给矿质量分数和细度的波动，影响了选别作业的正常进行。另外，严重“胀肚”会导致球磨机的损坏。比如，溢流型球磨机“胀肚”严重时，大块矿石和钢球会从进料口和排料口吐出，即所谓的“前吐后拉”。格子型球磨机则有大量挟带着矿块和钢球的矿浆从进料口倒出。特别是闭路磨矿时，上述两种球磨机都会使大量钢球和矿块进入返砂箱内，导致大块矿石和钢球与勺式给矿器强烈撞击，损坏给矿器和返砂箱，造成勺头脱落或给矿器与中空轴连接螺钉变形或剪断，破坏了给矿器与中空轴的同心度等，严重时会导致球磨机振动或跳动，轴承和齿轮会受冲击载荷而损坏。因此，在操作球磨机时一定要增强责任心，防止“胀肚”发生。应当把球磨机严重“胀肚”看作操作事故。

2. 球磨机“胀肚”的危害与处理

尽管由于磨矿流程、“胀肚”性质和原因不同，处理“胀肚”的方法也不一样，但是不管什么原因首先都要停止给矿，然后针对不同的情况进行必要的处理。

（1）对于开路磨矿，停止给矿后只要适当增加给矿水（后水），将矿料从球磨机内慢慢排出，“胀肚”即可消除，恢复正常。

（2）对于闭路磨矿，由于给矿是由两部分组成的，即原给矿和分级机返砂，仅停止原给矿，由于返砂还不断给入球磨机仍不利于消除“胀肚”现象，因此应尽快减少返砂量，其具体做法是：

关闭前水（球磨机的排矿补加水）、增加后水，减少给入分级机槽内水量，以提高分级质量分数，大量矿料由溢流排出，从而降低返砂量。由于加大了给矿水，可使球磨机内矿料质量分数降低，增加流动性，加速物料的排出。人们把这种方法总结为一句顺口溜“前水闭、后水加，提高浓度（分级浓度）降返砂”。有时，为了尽快降低返砂量，可暂时把分级机螺旋提起，使返砂物料“暂存”分级槽内，使“胀肚”消除得快些，当球磨机恢复正常后再慢慢放下(注意:切勿过快以免大量“暂存”在槽内的矿砂使分级机过载)。

当严重“胀肚”,即“胀死”时,可用高压水由进料口或排料口射入球磨机,以松动和稀释机内物料,排出一部分后再加大后水加速排出。

对于一些由筛子构成闭路磨矿的流程,一般都设有事故池,“胀肚”严重时可将粗矿暂存事故池,恢复正常后泵回再磨。

较严重“胀肚”(如发生“前吐后拉”)时,处理完恢复正常后,应停止球磨机,进行必要检查,例如勺头是否脱落或松动,给矿器是否松动,螺丝是否有剪断,球磨机其他部件是否损伤。

实践链接二:选矿厂案例分享

吉林某铜矿选矿厂

该铜矿属于石英脉状铜矿床。黄铜矿除分布在矿脉中外,大部分呈浸染状分布于母岩中,结晶致密,不易单体解离。

1. 发现问题

该厂原设计为一段磨矿,浮选泡沫经一次精选即得到精矿。生产考察发现,铜精矿中除一部分连生体影响精矿质量外,还存在部分脉石矿物及硫化铁矿物。

2. 解决问题

该矿石属于细粒浸染的铜矿石,该厂把原设计的一段磨矿改为二段磨矿,磨矿细度达到-200 目占 70%。优化后浮选工艺流程如图 2-3 所示,用旋流器作控制分级,浮选时用石灰(1.5 kg/t,加入球磨机)作调整剂,矿浆 pH=9.5。在一段分级机溢流中加入 2 g/t 氰化钾以加强对黄铁矿的抑制,同时加入 60~65 g/t 硫氮腈酯作捕收剂(有起泡性能)。使铜回收率从 94.98%提高到 96.36%。

3. 思考问题

通过选矿厂实际案例得到了什么启发?

(二)磨矿细度曲线测定实验操作

1. 实验目的

(1)学习正确使用球磨机。扫二维码观看磨矿实验操作视频,重点关注球磨机的正确使用方法。

(2)学习绘制磨矿细度曲线。

码 2-2 磨矿细度实验

2. 实验描述

称取 500 g 金属矿试样,量取 500 mL 水一同加入球磨机中,试样在所需的磨矿条件下,依次分别进行不同时间的磨矿,然后将每次的磨矿产物用-200 目筛子进行筛分,建立磨矿时间与浮选实验结果的关系,找出将物料磨到目标细度(如按-0.074 mm 含量计算)所需要的磨矿时间 T,从而得到磨矿细度曲线。

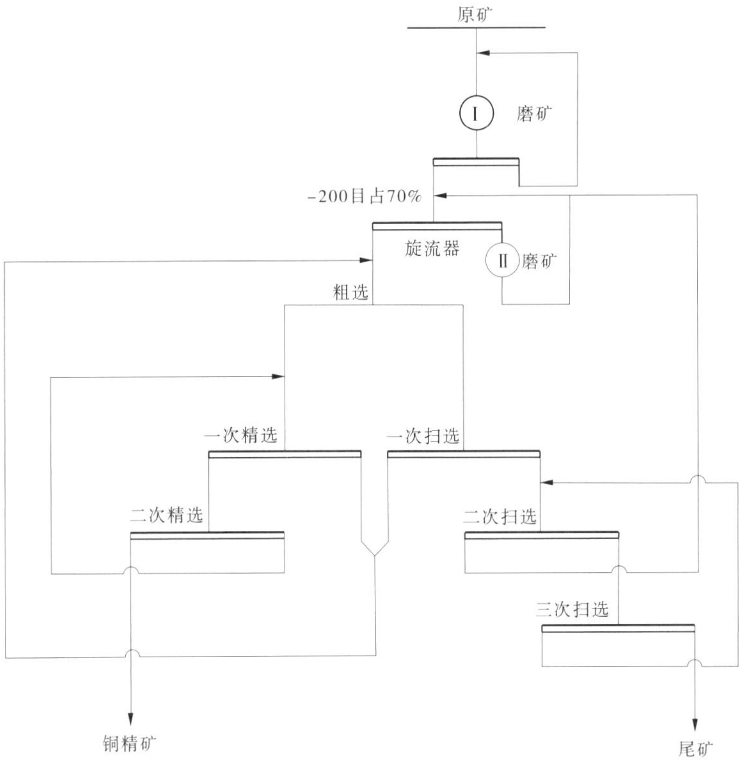

图 2-3 优化后浮选工艺流程

3. 仪器设备及材料

磨矿细度曲线测定实验仪器设备及材料明细如表 2-1 所示。

表 2-1 实验仪器设备及材料明细

序号	仪器设备及材料	序号	仪器设备及材料
1	球磨机	5	-0.5 mm 散体矿样若干
2	筛子	6	制样铲、毛刷、试样袋等制样工具
3	天平	7	量筒、烧杯、容量瓶、玻璃棒、移液管等玻璃仪器若干
4	秒表	8	中号搪瓷盘、大盆等装矿容器若干

4. 实验步骤与操作技术

磨矿细度实验一般在实验室球磨机中进行，采用批次磨矿实验。磨矿细度实验主要包括以下工作：

(1)实验样品的准备。通过混匀、缩分等准备好若干袋性质一致的矿样，以备随时使用，并且样品的袋数比实验次数要多，以备某次实验失败时使用。

(2)清洗球磨机，确保干净无杂物。

(3)添加矿石。将准备好的袋装矿样直接加入球磨机内。

(4)磨样。分别按给定的不同磨矿时间(一般为等时间隔,如 1 min、2 min、3 min、4 min、5 min)进行磨矿,每完成一次磨矿后,将磨矿产物全部倒出,并将磨样机清洗干净。

(5)磨矿产品后处理及计算,主要是对全部磨矿产物进行粒度分析,得到磨矿产物的粒度分布或磨矿细度,绘制不同磨矿时间下的磨矿产物细度曲线。

(6)其他磨矿时间下的磨矿产物细度的确定。在获得不同磨矿时间下的磨矿产物细度曲线后,可根据曲线直接得到其他任何磨矿时间下的磨矿产物细度。

在磨矿实验中的注意事项,如下所述:

(1)磨矿实验样品的添加质量要合适,一般根据介质质量来计算物料质量,物料过少,容易造成介质之间磨损加剧,物料过多,磨矿时间延长,磨矿效率下降,一般以物料正好填满或略多于介质的空隙为好。

码 2-3 磨矿常见失误案例

(2)在磨矿过程中球磨机端盖要压紧,防止矿浆在磨矿过程中泄漏。

(3)在所有磨矿实验中,除改变磨矿时间外,其他实验条件要保持不变。

(4)如果磨矿的矿浆产品需要作为浮选实验的给料产品,在冲洗磨筒内部矿浆时,一定要严格控制冲洗水量,以矿浆容积不超过浮选槽容积的 80%~85%为宜,否则,矿浆容积过多,如浮选槽容纳不下,需将矿浆澄清,抽出部分清液留作浮选补加水用,而不能废弃。

5. 数据处理、实验报告

(1)将实验数据和计算结果填入磨矿时间与磨矿细度条件实验结果记录表(见表 2-2)中。

表 2-2 磨矿时间与磨矿细度条件实验结果

试样名称______ 试样粒度______ mm 试样质量______ g

试样来源______ 试样其他指标:______ 实验日期______

磨矿时间/min (实际实验时根据情况自行设计磨矿时间)	磨矿细度-200 目占比/%

(2)实验过程中操作不当造成实验结果差异很大或实验结果与理论结果相差过大时,应进行重复实验进行验证。

(3)绘制磨矿细度曲线。

(4)编写实验报告。

6. 绘制磨矿细度曲线

根据磨矿细度实验结果在下面的图框中绘制磨矿细度曲线。

7. 思考题

(1)为什么要做磨矿细度曲线测定实验?

(2)说明球磨机的操作步骤和注意事项。

码 2-4　磨矿细度曲线绘制讲解

三、任务评价

每个实训项目中的任务会以竞赛的形式进行评分,“理论实践要知道”任务各组分别出题互考互评,“磨矿细度曲线测定实验操作”任务分组拍摄操作视频,并将视频上传至网络教学平台,待大家实操结束后,分组相互观看视频,查漏补缺,扬长避短,相互评分,评出“本组之星”,完成组间互评并评出“最佳小组”,将评分填入任务考核评价表(见表 2-3)中。

表 2-3　任务考核评价表

被考人			考评时间			
考评内容		磨矿细度曲线测定实验操作				
考评指标		考评标准	分值	自我评价	组间互评	实际得分
专业知识技能掌握	理论实践要知道	掌握	10			
	磨矿细度曲线测定试验操作的操作性	掌握	10			
	实验设备的正确使用	掌握	10			
	磨矿细度曲线绘制的准确性	掌握	10			
	实验数据以及实训报告的完整性	掌握	10			

续表 2-3

<table>
<tr><th colspan="2">考评指标</th><th>考评标准</th><th>分值</th><th>自我评价</th><th>组间互评</th><th>实际得分</th></tr>
<tr><td rowspan="5">素质培养</td><td>出勤</td><td>按时到岗,学习准备就绪</td><td>10</td><td></td><td></td><td></td></tr>
<tr><td>道德自律</td><td>自觉遵守纪律,有责任心和荣誉感</td><td>10</td><td></td><td></td><td></td></tr>
<tr><td>学习态度</td><td>积极主动,不怕困难,勇于探索</td><td>10</td><td></td><td></td><td></td></tr>
<tr><td>团队分工合作</td><td>能融入集体,愿意接受任务并积极完成</td><td>10</td><td></td><td></td><td></td></tr>
<tr><td>好习惯养成</td><td>将实验器材分类、归位,并打扫卫生</td><td>10</td><td></td><td></td><td></td></tr>
<tr><td colspan="3">合计</td><td>100</td><td></td><td></td><td></td></tr>
<tr><td colspan="2">本组之星</td><td colspan="3"></td><td colspan="2" rowspan="2">两项评选活动是为了激励学生的学习积极性</td></tr>
<tr><td colspan="2">最佳小组</td><td colspan="3"></td></tr>
<tr><td colspan="2">填表说明</td><td colspan="5">1. 实际得分=自我评价(40%)+组间互评(60%)。
2. 考评满分为 100 分,60 分以下为不及格,60~69 分为及格,70~79 分为中等,80~89 分为良好,90~100 分为优秀。
3. “本组之星”可以是本次实训活动中突出贡献者,也可以是进步最大者,同样可以是其他某一方面表现突出者。
4. “组间互评”由评审团讨论后为各组给予的最终评价。评审团由各组组长组成,当各组完成实训活动后,各组组长先组织本组内部进行商议,然后各组组长将意见带至评审团,评价各组整体工作情况,将各组互评分数填入其中,“最佳小组”是小组实际得分最高者</td></tr>
</table>

四、任务拓展

格子型球磨机和溢流型球磨机简介

(一)格子型球磨机的工作特点是什么?适用于什么产品作业上?

格子型球磨机的排矿端有格子板,格子板上面有许多小孔,以便排出矿浆。格子板靠排矿端的一侧安装有矿浆提升装置,这是一种放射状的棱条,棱条将格子板和端盖之间的空间分成若干个通向中空轴径的扇形室。当磨机旋转时,放射状棱条起着提升矿浆的作用,将由格子板上小孔排出去。所以,该机的工作特点主要是强制排矿,排矿速度快,可以减少矿石过粉碎和泥化,生产能力较高。

该种球磨机一般均用在第一段磨矿作业中，可以获得较高的处理能力，但产品粒度比溢流型球磨机产品粒度粗些。

（二）溢流型球磨机的工作特点是什么？常用在什么产品作业上？

当物料由给矿器，经过进料管进入球磨机后，筒体内的矿浆面高于出料管内径的最低母线水平时，磨后的物料可以从出料管排出球磨机外。该种球磨机，将排矿端盖中空轴径内的出料管末端做成喇叭形，而且通常在中空轴的根部装环形的挡圈，可以防止由端盖螺栓孔漏出的矿浆流到轴承内。同时在出料管中铸有螺旋叶片（螺旋的方向与球磨机转向相反），从而起到阻止钢球和粗矿粒随矿浆排出机外的作用。虽矿浆在磨机内停留时间长，适于细磨，但单位容积生产能力低，且易产生过粉碎现象，因此该种球磨机通常作为阶段磨矿用。其适用于精矿再磨作业，可以获得粒度较细的合格产品。

（三）溢流型球磨机和格子型球磨机的优缺点

溢流型球磨机的优点是构造简单，检修方便，投资少。其缺点是由于出料管铸有反螺纹，大块矿石和钢球不易排出机外；单位容积生产能力低，因此处理量比较低，而且易产生过粉碎现象。

格子型球磨机的优点是具有强制排矿的特点，排矿速度快，能减少矿石的过粉碎和泥化，同时能增加单位容积生产能力。其缺点是构造复杂，排矿易于堵塞格子板，而且检修较困难，作业率相对较低。

格子型球磨机比同规格溢流型球磨机生产能力高 10%～25%，格子型球磨机绝对功耗较溢流型球磨机高 10%～20%。

拓展小知识

球磨机的临界转速

球磨机筒体内最外层钢球进入离心运动状态时，球磨机筒体的临界转速的计算公式为

$$n_c = \frac{42.4}{\sqrt{D}}$$

式中　n_c——球磨机的临界转速，r/min；

D——球磨机的直径，m。

任务二　浮选影响因素——磨矿细度

一、任务描述

本任务的要求依然是通过“理论实践要知道”的学习，继续拓宽自己的理论知识和实

践知识领域,然后要求大家分析本项目任务一得到的已绘制的标准磨矿细度曲线,分别找出磨矿细度为60%、70%、80%和90%时对应的磨矿时间,根据不同的磨矿时间进行磨矿实验得到相应细度的矿浆,再对每一份矿浆进行浮选实验研究,最终根据浮选实验结果确定出最优的磨矿细度。

二、任务实施

(一)理论实践要知道

理论链接:浮选实验相关知识

1. 浮选实验的主要步骤

1)拟订方案

根据客户寄来的矿石样品进行矿石性质研究,并结合现场实践经验和专业知识初步拟订浮选实验方案。

码 2-5 浮选实验前准备工作

2)实验前准备工作

(1)试样的制备。

浮选实验粒度一般要求小于 3 mm,该范围的粒度适合于浮选实验所用的球磨机的给矿粒度,也能保证试样的代表性。因此,首先对矿石样品进行破碎,使得样品达到所要求的粒度。破碎后的样品均匀混合后分成多份试样,每份含量为 500~1 000 g,品位低的矿石可增加单份含量至 3 000 g。

需注意的是,试样制备过程中避免试样受到污染,对于容易氧化的矿种做好隔绝氧气措施。

(2)浮选药剂准备。

浮选药剂在浮选过程中尤其重要,需要提前准备并保存良好使其保持活性。通常首先检查药剂是否在保质期内,确保药剂可用;其次在使用之前要保存在干燥的容器中,并置于阴凉处。

(3)球磨机的准备。

实验室应备有多种不同尺寸的球磨机,确保可磨矿不同剂量的试样。

(4)浮选机的准备。

实验室基本选用小型的机械搅拌式浮选机。可选用几种小规格的单槽浮选机,如 0.5 L、0.75 L、1 L、1.5 L、3 L 等。

(5)浮选用水。

一般实验室采用所在地区的自来水进行实验。待确定了主要工艺条件以后,再用将来选矿厂可能使用的水源进行校核。

(6)做好以上基本准备工作后,还需要事先备好干净的仪表和工具。

3)浮选实验

浮选实验主要包括预先实验、条件实验、闭路实验及中间实验和工业实验。主要目的是确定矿石浮选的大致流程和指标,并最终确定最佳浮选的条件。

浮选实验流程一般包括磨矿、搅拌调浆、浮选(刮泡)和目的产物处理等步骤。

（1）磨矿。

首先空转球磨机，进行清洗。然后进行磨矿作业。在该过程中，需要注意球磨机的转速是否正常、运转是否平稳、磨矿声音是否正常等，并准确记录磨矿时间。磨矿结束时，要用清水将矿浆冲入接矿容器中，待矿浆全被倒出后，清洗球磨机。

（2）搅拌调浆。

将一定量的浮选药剂分批加入搅拌槽中进行调浆和搅拌，目的是促使矿粒悬浮且在浮选槽内均匀分散；促进空气弥散，使矿粒与气泡充分接触，保证浮选效果。

（3）浮选（刮泡）。

保证充气量稳定不变，持续充气搅拌。调整起泡剂用量、矿浆液面高低，稳定刮出一定量的高质量泡沫。实验室浮选机的泡沫层厚度一般控制在 25～50 mm。在操作过程中，由于泡沫不断地被刮出，槽体矿浆液面不断下降，此时在不影响矿浆 pH 值的前提下补水，保证泡沫可以连续刮出。在刮泡过程开始和结束时，必须测定和记录矿浆的 pH 值和温度，为后期分析做准备。浮选结束后，倾倒出尾矿矿浆，并清洗浮选机。

（4）目的产物处理。

浮选机排出的矿浆需要进行脱水、干燥处理，干燥后产品要称量并取样做化学分析。

2. 浮选机的使用方法

实验室常用的浮选机都是机械搅拌式浮选机，通常使用 XFD-0.5、XFD-0.75、XFD-1.0、XFD-1.5 型。它由叶轮、定子、竖轴、充气管等部件组成。浮选机的槽体有效容积分别为 0.5 L、0.75 L、1.0 L、1.5 L，分静止区和搅拌区两部分。静止区底部有一循环孔，在槽体安装时，必须使静止区底部的循环孔与充气搅拌装置上的循环孔相对应，保证矿浆的良好循环。浮选槽安装好后，可接通电源，并打开刮板开关，如刮板顺时针方向旋转，说明浮选机主轴、刮板旋转方向正确；反之，就是电源线接反了。

码 2-6　浮选实验设备使用与操作

浮选机的主轴旋转与充气量、搅拌强度有关。带有精密转速测量装置的浮选机，其转速可通过本身数字显示装置显示。一般浮选机（如 XFD 型），可用转速表测量。进行浮选实验时，浮选机主轴转速应控制在 1 800 r/min，过高或过低都需适当调整。实验室浮选机的充气量检测常采用旋子流量计，充气量大小可通过调节阀控制，一般充气量值控制在 $0.25\ m^3/(m^2 \cdot min)$。

3. 浮选实验的操作步骤

（1）学习操作规程、熟悉设备结构、了解操作要点。试运转，确保实验顺利进行和人机安全。

（2）检查、清洗浮选槽并安装就位。

（3）称取所需试样、计算药剂量。

（4）将试样置入烧杯内，加少量水搅拌，使矿样充分润湿后全部加入浮选槽，并采用该烧杯向浮选槽加水至第 1 道刻度线。

（5）关闭进气阀，打开搅拌机构开关。待矿浆搅拌均匀后，加水至第 2 道刻度线。

（6）向矿浆中加入所需用量的各种药剂，各搅拌 2 min。

(7)打开充气开关向矿浆中充气,随即开启刮泡机构刮取泡沫并全部接取。

(8)随着浮选的进行,浮选槽中的液位会逐渐降低。为了保证均匀刮泡,需要用洗瓶不断补加清水,同时冲洗黏附在搅拌轴、槽壁上的颗粒。清水补加量以不积压泡沫、不刮水为准。

(9)待无泡沫或泡沫基本为水泡后,关闭充气阀,停机。边壁黏附的颗粒冲入浮选槽中,溢流口及刮子上的颗粒冲入精矿,排出槽中尾矿。

实践链接一:选矿厂实际生产小知识

实际生产中调节控制磨矿的质量分数和细度的方法

磨矿质量分数是指球磨机内的矿浆质量分数。磨矿细度是指球磨机排料中指定级别的含量。磨矿质量分数和磨矿细度是相互联系、相互影响的,生产操作中主要靠磨矿给矿水(后水)调节来控制。

开路磨矿时,影响磨矿质量分数的因素有原矿的性质(主要是粒度组成)、给矿量和给矿水。影响磨矿细度的因素,除原矿粒度组成外,还有磨矿质量分数和加球制度等。当原矿性质变化时,如果粗粒增加,给矿量不变,应减少后水,提高磨矿质量分数来保证磨矿细度;若细粒增加,应加大后水,适当增加给矿量,以减少过粉碎。在保持矿石性质和介质条件不变的条件下,在一定范围内,一般磨矿细度随着磨矿质量分数的增加而增高;反之,则细度降低。总之,通过调节给水量来调节磨矿质量分数,进而控制磨矿细度。

闭路磨矿时,情况变得比较复杂,增加了一个返砂量的因素。给水一定时,原给矿和返砂量的增加都将使磨矿质量分数提高,反之则降低。而磨矿细度除受返砂量影响外,也受分级效率影响。返砂量大时,全给矿粒度组成改变,细粒级量增加,磨矿速度快,应适当降低磨矿质量分数,增加排矿速度以减少过粉碎。返砂量减少而原矿较粗时,应减少后水以提高磨矿质量分数。

实践链接二:选矿厂案例分享

某金矿车间简介

某矿业股份有限公司某金矿位于招远市南西约 18 km,隶属招远市齐山镇管辖。选矿厂于 1986 年由烟台黄金设计院完成 350 t/d 初步设计,现在实际处理能力达到 4 500 t/d。选矿厂工艺布局合理,设备设施先进,自动化程度高,各项经济技术指标达到同行业领先水平。

某选矿车间——磨矿与浮选工段

磨矿流程采用一段半球磨加旋流器分级,磨矿细度-200 目达到 62%±4%。浮选采用"一优一粗一扫一精"工艺,工艺流程见图 2-4。粉矿仓的矿石经 6#皮带和 8#皮带送入 ϕ4.0×6.0 m 溢流型球磨机进行磨矿,同时经 5#皮带和 7#皮带送入 MQG3660 格子型球磨机进行磨矿,两台球磨机排出的矿浆进入同一个泵槽,通过12/10ST-AH渣浆泵

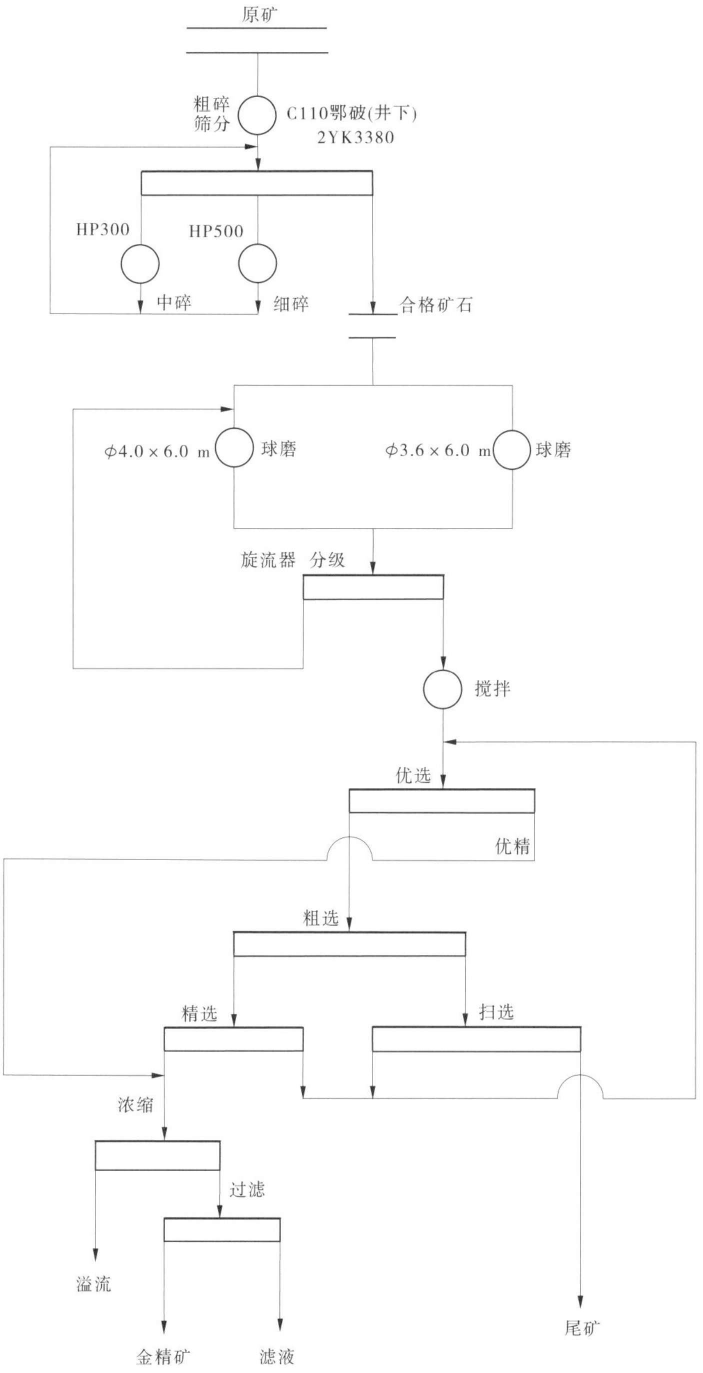

图 2-4　招金矿业某金矿选厂工艺流程

送入ϕ 500 mm×4 旋流器组分级，分级沉砂返回ϕ 4.0×6.0 m 球磨机集中再磨。分级溢流在 GBJ 3×3 搅拌槽加药调浆后进入浮选。球磨机排出的粗颗粒经 9# 皮带运至 5# 皮带进入 MQG 3660 球磨机进行。浮选的优选、粗选和扫选采用 KYF-16 m^3(15 个直流槽)和

XCF-16 m³(2 个吸入槽)充气搅拌式浮选机进行,共 17 槽(优选 2 槽,粗选 5 槽,扫选 10 槽),精选采用 XCF-8 m³(吸入槽,2 槽)浮选机进行。优选精矿直接打到浓密机沉淀,优选尾矿进行粗选,粗选精矿被吸入到精选一,尾矿进扫选。扫选泡沫返回优选。精一精矿为最终精矿,与优选精选混合后经 80ZJ-I-A36 渣浆泵输送到 NZS-12 浓缩机,精一尾矿回优选。

(二)磨矿细度对浮选的影响实验操作

1. 实验目的

(1)通过不同磨矿细度的浮选实验,了解磨矿细度对分选效果的影响,找出适宜的磨矿条件(磨矿时间)。

(2)初步掌握浮选实验操作技术。

(3)学会应用所学的基本知识来解决实验中的实际问题。独立思考,认真操作,认真分析实验结果。

2. 实验原理

球磨机粉碎矿石的原理可简述如下:当球磨机以一定转速旋转时,处在筒体内的磨矿介质由于旋转时产生离心力,致使它与筒体之间产生一定的摩擦力,摩擦力使磨矿介质随筒体旋转,并到达一定高度。当其自身重力大于离心力时,就脱离筒体抛射下落,从而击碎矿石。同时,在球磨机运转过程中,磨矿介质与筒体、介质间还有相对滑动现象,对矿石产生研磨作用。所以,矿石在磨矿介质产生的冲击力和研磨力联合作用下被粉碎。

3. 样品称取

硫化矿,粒度 0~3 mm,每份 0.5 kg(矿样混样均匀后称取)。

矿样的混匀与缩分方法如下所述:

(1)堆锥四分法:将混匀的矿样堆成锥形,用薄板插入矿堆到一定深度后旋转薄板将矿堆展平成圆盘状,再通过中心点划十字线,将其分成 4 个扇形部分,取其对角部分合并成一份矿样。

(2)二分器法:用于矿粒尺寸在 10 mm 以下、质量较小物料的缩分。使用时,两边先用盒接好,再将矿样沿二分器上端徐徐倒入使矿样分成 2 份,取其中 1 份作为所需矿样。

码 2-7 矿样混样操作

4. 仪器与设备

磨矿细度对浮选的影响实验所需仪器与设备明细如表 2-4 所示。

表 2-4 实验所需仪器和设备明细

序号	名称	序号	名称
1	球磨机	5	烘箱
2	浮选机	6	浮选药剂与矿样
3	制样铲、毛刷、试样袋、分样刀、分样布、研体等制样工具	7	量筒、烧杯、容量瓶、玻璃棒、移液管等玻璃仪器若干
4	台秤、秒表、滤纸、注射器	8	中号搪瓷盘若干,大盆若干

5. 实验流程及操作条件

浮选实验工艺流程及操作条件如图 2-5 所示。

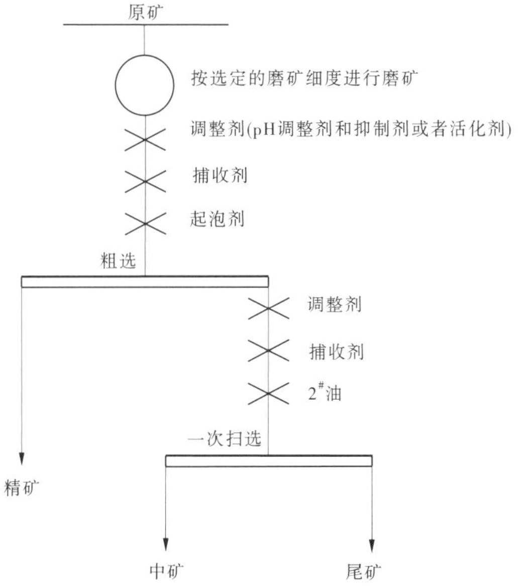

图 2-5　浮选实验工艺流程及操作条件

6. 实验步骤

(1)检查、清理、清洗实验设备用具。

(2)取代表性试料 3 份,每份 500 g,粒度 0~3 mm。按不同磨矿细度的磨矿时间,分别进行磨矿实验。磨矿产物(矿浆)按图 2-5 所示流程进行浮选,比较其结果。

码 2-8　浮选实验操作示范

(3)药剂的配制、添加。

水溶性药剂配制成水溶液添加,可配制成浓度 1%的溶液,用量筒添加。非水溶性药剂如松油,用医用注射器添加。药剂添加的溶液体积按下式计算:

$$V = \frac{qQ}{1\ 000M}$$

式中　V——药剂溶液添加体积,mL;

q——药剂用量,g/t;

Q——实验矿石质量,kg;

M——浓度(%)。

(4)将浮选机冲洗干净,开动浮选机,关闭进气阀,把磨矿产物(矿浆)加入浮选槽内,按图 2-5 所示流程及操作条件,分别进行搅拌、调浆、浮选。

(5)浮选完毕后将产品收集起来进行过滤、烘干、称重、记录,精矿样品制备(扫码 2-9 观看制样操作)。

(6)实验完毕后清洗、整理设备,清扫实验场地。

7. 编写实验报告

(1)计算实验结果,并将结果填入表 2-5 内。

计算公式:

$$\gamma_i = \frac{Q_i}{\sum_{i=1}^{n} Q_i} \times 100\%$$

$$\varepsilon_i = \frac{\gamma_i \beta_i}{\sum_{i=1}^{n} \gamma_i \beta_i} \times 100\%$$

码 2-9 精矿样品制备操作

式中 Q——质量;

γ——产率;

β——品位;

ε——回收率。

(2)根据实验结果进行分析,选定适宜的磨矿条件。

表 2-5 实验结果

实验编号	产品名称	质量/g	产率/%	品位/%	$\gamma\beta$	回收率/%	实验条件
1	精矿						
	中矿						
	尾矿						
	原矿						
2	精矿						
	中矿						
	尾矿						
	原矿						
3	精矿						
	中矿						
	尾矿						
	原矿						

三、任务评价

每个实训项目中的任务会以竞赛的形式进行评分,“理论实践要知道”任务各组分别出题互考互评,“磨矿细度对浮选的影响实验操作”任务分组拍摄操作视频,并将视频上传至网络教学平台,待大家实操结束后,分组相互观看视频,查漏补缺,扬长避短,相互评分，评出“本组之星”，完成组间互评并评出“最佳小组”，将评分填入任务考核评价表(见表2-6)中。

表2-6　任务考核评价表

<table>
<tr><td colspan="2">被考人</td><td colspan="2"></td><td colspan="2">考评时间</td><td colspan="2"></td></tr>
<tr><td colspan="2">考评内容</td><td colspan="6">磨矿细度对浮选的影响实验</td></tr>
<tr><td colspan="2">考评指标</td><td>考评标准</td><td>分值</td><td>自我评价</td><td>组间互评</td><td colspan="2">实际得分</td></tr>
<tr><td rowspan="5">专业知识技能掌握</td><td>理论实践要知道</td><td>掌握</td><td>10</td><td></td><td></td><td colspan="2"></td></tr>
<tr><td>磨矿细度对浮选的影响实验操作的正确操作性</td><td>掌握</td><td>10</td><td></td><td></td><td colspan="2"></td></tr>
<tr><td>药剂添加的准确性</td><td>掌握</td><td>10</td><td></td><td></td><td colspan="2"></td></tr>
<tr><td>数据计算的准确性</td><td>掌握</td><td>10</td><td></td><td></td><td colspan="2"></td></tr>
<tr><td>实训报告的完整性</td><td>掌握</td><td>10</td><td></td><td></td><td colspan="2"></td></tr>
<tr><td rowspan="5">素质培养</td><td>出勤</td><td>按时到岗，学习准备就绪</td><td>10</td><td></td><td></td><td colspan="2"></td></tr>
<tr><td>道德自律</td><td>自觉遵守纪律，有责任心和荣誉感</td><td>10</td><td></td><td></td><td colspan="2"></td></tr>
<tr><td>学习态度</td><td>积极主动，不怕困难，勇于探索</td><td>10</td><td></td><td></td><td colspan="2"></td></tr>
<tr><td>团队分工合作</td><td>能融入集体，愿意接受任务并积极完成</td><td>10</td><td></td><td></td><td colspan="2"></td></tr>
<tr><td>好习惯养成</td><td>将实验器材分类、归位，并打扫卫生</td><td>10</td><td></td><td></td><td colspan="2"></td></tr>
<tr><td colspan="3">合计</td><td>100</td><td></td><td></td><td colspan="2"></td></tr>
<tr><td colspan="2">本组之星</td><td colspan="5"></td><td rowspan="2">两项评选活动是为了激励学生的学习积极性</td></tr>
<tr><td colspan="2">最佳小组</td><td colspan="5"></td></tr>
<tr><td colspan="2">填表说明</td><td colspan="6">1. 实际得分=自我评价(40%)+组间互评(60%)。
2. 考评满分为100分，60分以下为不及格，60~69分为及格，70~79分为中等，80~89分为良好，90~100分为优秀。
3. “本组之星”可以是本次实训活动中突出贡献者，也可以是进步最大者，同样可以是其他某一方面表现突出者。
4. “组间互评”由评审团讨论后为各组给予的最终评价。评审团由各组组长组成，当各组完成实训活动后，各组组长先组织本组内部进行商议，然后各组组长将意见带至评审团，评价各组整体工作情况，将各组互评分数填入其中，“最佳小组”是小组实际得分最高者</td></tr>
</table>

四、任务拓展

球磨机的常见故障原因及其消除方法

球磨机的磨矿作业是矿石破碎过程的继续，是分选前准备作业的重要组成部分。磨矿作业不仅用于选矿工业，而且在建筑、化学和电力等工业部门中亦广泛应用。除处理某些砂矿外的所有选矿厂，几乎都有磨矿作业。在选矿工业中，当有用矿物在矿石中呈细粒嵌布时，为了能把脉石从矿石中除去，并把各种有用矿物相互分开，必须将矿石磨细至单体解离。

磨矿细度与选矿指标有着密切的关系。在一定程度上，有用矿物的回收率随着磨矿细度的减小而增加。因此，适当减小矿石的磨碎细度能提高有用矿物的回收率和产量。磨矿所消耗的动力占选矿厂动力总消耗的40%~60%。因此，磨矿作业在选矿工艺流程中占有很重要的地位。球磨机的常见故障原因及其消除方法如表2-7所示。

表2-7　球磨机的常见故障原因及其消除方法

故障现象	原因	消除方法
主轴承发热、异常声响、电机超负荷断电	1. 润滑不良； 2. 主轴承中进入泥沙； 3. 轴承破碎； 4. 主轴承安装不正； 5. 给矿量或多或不足	1. 加润滑脂； 2. 清洗轴承，更换油脂； 3. 更换轴承，调整轴承，调整给矿量
球磨机启动时电机过负荷或不能启动	启动没有盘磨	盘磨后再启动
电动机电源不稳定或过高	1. 勺头活动，给料器松动； 2. 返砸中有杂物； 3. 主轴承润滑不良； 4. 排矿浓度过高； 5. 筒体周围衬板质量不平衡或磨损不均匀； 6. 齿轮过度磨损； 7. 电机电路有故障	上紧勺头或给料器，改善润滑状况，更换衬板、更换修理齿轮、排除电气故障
球磨机振动	1. 齿轮啮合不好或磨损过甚； 2. 地脚螺栓或轴承螺栓松动； 3. 大齿轮连接螺栓或对开螺栓松动； 4. 传动轴承磨损过甚	1. 调整齿侧间隙； 2. 拧紧松动螺栓； 3. 更换传动轴承

续表 2-7

故障现象	原因	消除方法
突然发生强烈振动和撞击声	1. 齿轮啮合间隙混入杂质； 2. 小齿轮松动； 3. 齿轮打坏； 4. 轴承或固定在基础上的螺栓松动	1. 消除杂物； 2. 更换齿轮； 3. 拧紧螺栓
端盖与筒体连接处、衬板螺栓处漏矿浆	1. 连接螺栓松动、销子过长； 2. 衬板螺栓松动、密封圈磨损； 3. 螺栓打断	拧紧、更换螺栓，拧紧定位销，更换密封垫圈

拓展小知识

网目

在泰勒标准筛制中，网目是指 24.5 mm（1 in）长度筛网中所共有的筛孔数目，简称“目”。比如 200 目筛子是指每 25.4 mm 长度筛网上具有 200 个筛孔，其筛孔尺寸为 0.074 mm（网目越多，筛孔尺寸越小）。

冲板方孔

任务三　浮选影响因素——pH 值

一、任务描述

本任务的要求是通过“理论实践要知道”的学习，继续拓宽自己的理论知识和实践知识领域，然后要求大家根据浮选实验结果确定出最优的磨矿细度，在最优的磨矿细度条件下，以 pH 调整剂的种类和矿浆的 pH 值为变量进行浮选实验操作，最终根据浮选实验结果确定出矿浆的最优 pH 值和最佳 pH 调整剂。

二、任务实施

（一）理论实践要知道

理论链接：pH 调整剂

pH 值是水溶液最重要的理化参数之一。凡涉及水溶液的自然现象、化学变化及生产过程都与 pH 值有关，因此在工业、农业、医学、环保和科研领域都需要测量 pH 值。

水的 pH 值是表示水中氢离子活度的负对数值,表示为

$$pH=-\lg[H^+]$$

pH 值有时也称为氢离子指数,由于氢离子活度的数值往往很小,在应用上很不方便,所以就用 pH 值这一概念作为水溶液酸性、碱性判断指标,而且氢离子活度的负对数值能够表示出酸性、碱性变化幅度的数量级的大小,这样应用起来就十分方便,并由此得到:

(1)中性水溶液,$pH=-\lg[H^+]=-\lg 10^{-7}=7$。

(2)酸性水溶液,pH<7。pH 值越小,表示酸性越强。

(3)碱性水溶液,pH>7。pH 值越大,表示碱性越强。

pH 调整剂:矿浆的 pH 值往往直接或间接地影响矿物的可浮性。在一定条件(药剂浓度、矿浆温度)下,矿物可浮与不可浮的 pH 值界限叫作临界 pH 值。矿物的临界 pH 值随浮选条件的改变而改变。常用的碱性矿浆调整剂是石灰、碳酸钠、苛性钠。酸性矿浆调整剂是硫酸。

常见的浮选 pH 调整剂有以下几种:

(1)石灰:石灰石($CaCO_3$)在 1 200 ℃高温条件下煅烧分解为生石灰(CaO)与二氧化碳,生石灰简称为石灰,生石灰易于吸水成为熟石灰[$Ca(OH)_2$]。熟石灰为白色粉状物质,不易溶解于水中,在浮选作业中通常直接添加到球磨机或者浮选前的搅拌槽中,也可以在搅拌中用水调成石灰乳,然后加入浮选机中,氢氧化钙是强碱,溶于水中的氢氧化钙完全电离,使溶液呈强碱性。

石灰是最便宜的矿浆 pH 调整剂,在多金属硫化矿床中,采用优先浮选时,常用石灰提高矿浆 pH 值,使黄铁矿受到抑制。石灰是黄铁矿很典型的抑制剂,一般来说,有的黄铁矿可以在弱酸性矿浆中浮选,有的可以在中性或碱性矿浆中浮选。黄铁矿表面氧化后,当 pH 值大于 7 时浮选效果不好。加入石灰黄铁矿便受到抑制。石灰抑制黄铁矿的原因是在矿物表面生成 $Fe(OH)_2$ 和 $Fe(OH)_3$ 的亲水薄膜。被石灰抑制的黄铁矿,可以用碳酸钠和硫酸铜,或者加入硫酸将矿浆 pH 值调至 6~7,黄铁矿就可以再浮选。

(2)碳酸钠:工业上叫纯碱,是一种弱酸强碱盐,无色固体,易溶于水。在水溶液中电解为钠离子和碳酸根离子。

$$Na_2CO_3 = 2Na^+ + CO_3^{2-}$$

碳酸根再水解使溶液呈碱性,碳酸钠水溶液显弱碱性,pH 值在 8~10。在选硫化铅锌矿时采用优先浮选,选方铅矿抑制闪锌矿、黄铁矿,矿浆 pH 值调整为 8~10。用碳酸钠而不用石灰,不仅是为了维持矿浆 pH 值稳定,还避免了钙离子对铅矿物的抑制作用。

(3)硫酸。工业上使用的硫酸呈褐色,常见的浓硫酸含 H_2SO_4 96%~98%,稀硫酸含 H_2SO_4 63%~65%。硫酸是浮选作业中最常用的酸性调整剂,浓硫酸可以与水任意混溶。硫酸是一种强酸,在水溶液中电离出大量的氢离子。

$$H_2SO_4 = 2H^+ + SO_4^{2-}$$

在稀释使用时要特别注意,将硫酸向水中慢慢注入,避免大量的热使加入的水沸腾,致使硫酸飞溅造成烧伤事故。

实践链接一:选矿厂实际生产小知识

一般在矿石性质较为稳定或变化很小时,各种操作前提相宜、工艺指标较为满足的情

况下，应尽量保持稳定操作。当然，这些经验是从详细前提下得到的，应用时，应根据本厂的生产实际酌情采用。

浮选机浮选操作的一般原则有以下 3 条：

(1)根据产品数目和质量的要求进行操作。

(2)根据矿石性质的变化进行操作。

(3)保持浮选工艺过程相对稳定，这是因为只有工艺过程的稳定才能达到工艺指标的稳定。

有的浮选厂还在生产实践中总结出了一些详细操作要领，例如“三勤、四准、四好、两及时、一不动”操作法。“三勤”：勤观察泡沫变化，勤测浓度，勤调整。“四准”：药剂配制和添加得准，品位变化看得准，发生变化的原因找得准，泡沫刮出量把握得准。“四好”：浮选与药台联系得好，浮选和磨矿联系得好，浮选和砂泵联系得好，混合浮选和分离浮选联系得好。“两及时”：泛起题目研究得及时，解决题目处理得及时。“一不动”：浮选机闸门稳定不动。再如“三度、一准”操作法。所谓“三度”，即在出产过程中正确地控制好磨矿细度、浮选质量分数和矿浆酸碱度；“一准”，即浮选药剂给得准。这些操作经验在实际中也取得了良好的效果。但如矿石性质变化较大，原有操作前提不适当，引起指标下降，则需要改变各种操作前提。

实践链接二：选矿厂案例分享

某金矿新立选矿车间——8 000 t/d 选矿厂案例

某金矿位于莱州市三山岛特别工业区——环渤海经济圈的黄金地带，是山东黄金集团旗下主力矿山，金矿新立选矿厂(见图 2-6)日处理矿石量 8 000 t，是亚洲单体黄金选矿规模最大、智能化选矿科技含量最高、山东黄金集团所辖矿山选矿效益最优的国际一流的智能选矿厂。

图 2-6　某金矿新立选矿厂

矿石中主要金属矿物是黄铁矿，其次是方铅矿、闪锌矿、黄铜矿。脉石矿物以石英、长石和绢云母为主，另有少量的碳酸盐类矿物。金矿物主要是银金矿物，偶见金银矿物。金矿物形态和嵌布状态较为复杂。金矿物形态以边界平整、棱角鲜明的角粒状、长角粒状和针线状为主。金矿物以细粒显微金为主。某金矿新立选矿车间拥有目前国内黄金矿山应用最大的德国进口的 RP-S7-140×110 高压辊磨机、中信重工国产的 MQY5.5×8.5 m 溢流型球磨机，中国矿大生产的 FSCMC-5 000×8 000 浮选柱、北京矿业研究总院生产的 KYF-160 圆形浮选机、ϕ 17 m 荷兰进口的贝特曼-德尔克深锥浓密机、完备的选矿综合自动化系统(FCS)。

磨矿浮选厂房包括磨矿、分级、除渣、浮选、供风、药剂制备变配电及控制室等。磨矿采用 1 台 MQY5.5×8.5 m 溢流型球磨机，装机功率为 4 500 kW。分级采用 1 组 8-ϕ 710 水力旋流器，溢流细度为-0.074 mm，占 55%。除渣采用 DUSL3660 直线振动筛。浮选系统为一个系列，以浮选柱"一粗一精"流程为主体、辅以浮选机优先浮选和稳定性扫选的柱机联合流程。粗选、精选作业分别采用 3 台 FSCMC-5000×8000 旋流静态微泡浮选柱和 2 台 FSCMC-4000×7000 旋流静态微泡浮选柱。优先浮选及扫选作业采用规格 KYF-160 充气机械搅拌式浮选机，优先浮选设 1 台，扫选设 4 台。优先浮选及精选的泡沫产品即为金精矿脱水流程。某金矿新立选矿厂工艺流程如图 2-7 所示。

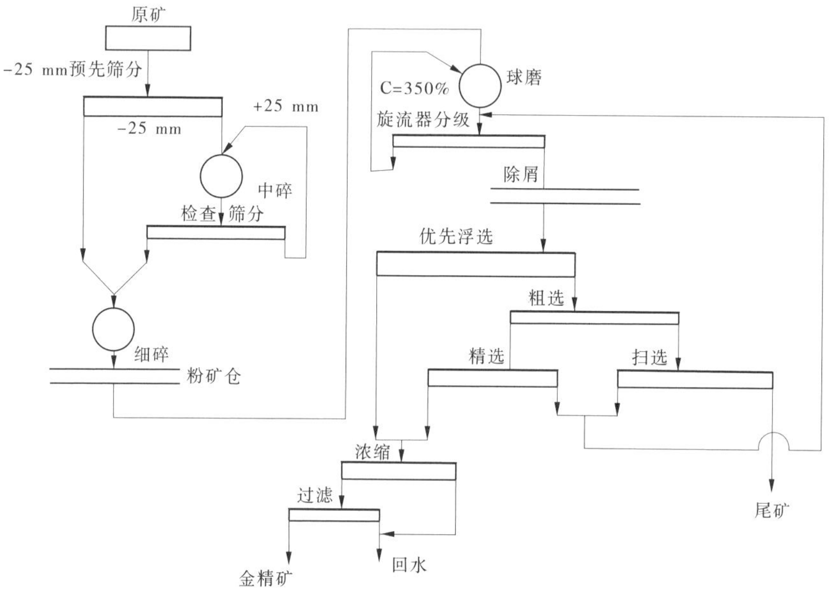

图 2-7 某金矿新立选矿厂工艺流程

某金矿新立选矿厂的特点如下所述：

(1)实现了大型球磨机在黄金矿山的应用，MQY5.5×8.5 m 球磨机是目前在国内黄金矿山中应用的最大型球磨机，实现了辊压机与球磨机的联合粉磨流程。

(2)根据浮选机和浮选柱的浮选特点，采用机柱联合的流程，充分发挥浮选机和浮选柱的优势，使浮选指标更加稳定，提高了浮选回收率和精矿品位。

(3)通过全流程自动化控制，生产流程达到稳定控制。

(二)pH 值对浮选的影响实验操作

1. 实验目的

(1)了解矿浆 pH 值对矿物浮选的影响。

(2)掌握小型浮选实验的方法。

(3)加深对分选过程的感性认识。

(4)学会对实验现象的分析和结果的处理。

2. 实验原理

在浮选中,pH 值一般都会对浮选产生影响。在氧化矿的浮选中,pH 值能改变矿物表面电荷的电性和电量。本实验通过加入不同量的调整剂,调整矿浆 pH 值。

3. 实验设备

pH 值对浮选的影响实验所需设备与仪器如表 2-8 所示。

表 2-8　实验所需设备与仪器

序号	仪器设备	序号	仪器设备
1	XFD 型单槽式浮选机	5	pH 计
2	电热鼓风干燥箱	6	制样铲、毛刷、试样袋
3	天平	7	量筒、烧杯、容量瓶、玻璃棒、移液管等玻璃仪器若干
4	秒表	8	中号搪瓷盘若干,大盆若干

4. pH 值对浮选的影响实验流程及操作条件

pH 值对浮选的影响实验流程及操作条件如图 2-8 所示。

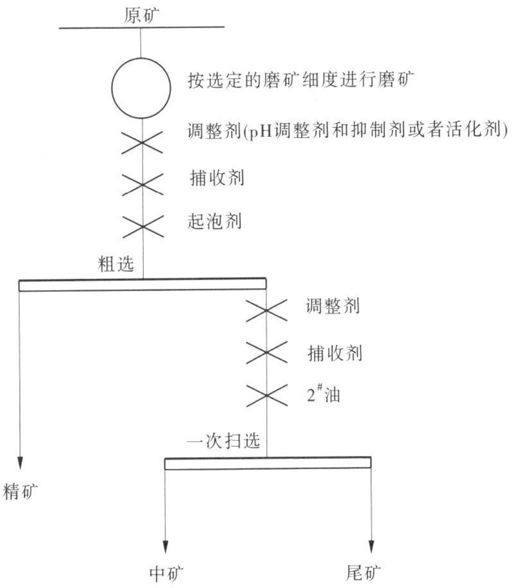

图 2-8　pH 值对浮选的影响实验流程及操作条件

5. 实验步骤

均匀称取多份矿样,每份质量为 500 g,每份矿样均量取 500 mL 水一同加入球磨机中进行磨矿(磨矿浓度为 50%,也可以根据具体的矿样性质进行磨矿浓度的更改),得到的矿浆产品加入浮选机内进行浮选实验。加入调整剂（自选调整剂种类，pH 调整剂选择如表 2-9 所示），调整 pH 值（分组按等差数列设计 4 个 pH 值变量），搅拌 2～3 min，再加捕收剂，搅拌 2～3 min，打开浮选机进气口，采用“一粗一扫”开路流程，分别将粗精矿、中矿和尾矿干燥、称量、制样。

表 2-9　pH 调整剂选择

酸性 pH 调整剂	选择处打“√”	碱性 pH 调整剂	选择处打“√”
盐酸		石灰	
硫酸		氢氧化钠	
硝酸		碳酸钠	
醋酸		碳酸氢钠	

注：可以自选表格中已有调整剂药剂，也可以在空表处填写新的药剂。

6. 编写实验报告

（1）计算实验结果，并将结果填入表 2-10 内。

（2）根据实验结果进行分析，选定适宜的药剂配比条件。

表 2-10　原始数据记录

实验编号	产品名称	质量/g	产率/%	品位/%	$\gamma\beta$	回收率/%	实验条件
1	精矿						
	中矿						
	尾矿						
	原矿						
2	精矿						
	中矿						
	尾矿						
	原矿						
3	精矿						
	中矿						
	尾矿						
	原矿						

7. 问题讨论

石灰在选矿中的应用和使用石灰的注意事项有哪些？

三、任务评价

每个实训项目中的任务会以竞赛的形式进行评分，“理论实践要知道”任务各组分别出题互考互评，“pH 值对浮选的影响实验操作”任务分组拍摄操作视频，并将视频上传至网络教学平台，待大家实操结束后，分组相互观看视频，查漏补缺，扬长避短，相互评分，评出“本组之星”，完成组间互评并评出“最佳小组”，将评分填入任务考核评价表（见表 2-11）中。

表 2-11　任务考核评价表

<table>
<tr><td colspan="2">被考人</td><td colspan="2"></td><td colspan="2">考评时间</td><td></td></tr>
<tr><td colspan="2">考评内容</td><td colspan="5">pH 值对浮选的影响实验</td></tr>
<tr><td colspan="2">考评指标</td><td>考评标准</td><td>分值</td><td>自我评价</td><td>组间互评</td><td>实际得分</td></tr>
<tr><td rowspan="5">专业知识技能掌握</td><td>理论实践要知道</td><td>掌握</td><td>10</td><td></td><td></td><td></td></tr>
<tr><td>pH 值对浮选的影响实验操作的正确性</td><td>掌握</td><td>10</td><td></td><td></td><td></td></tr>
<tr><td>pH 值测量的准确性</td><td>掌握</td><td>10</td><td></td><td></td><td></td></tr>
<tr><td>数据计算的准确性</td><td>掌握</td><td>10</td><td></td><td></td><td></td></tr>
<tr><td>实训报告的完整性</td><td>掌握</td><td>10</td><td></td><td></td><td></td></tr>
<tr><td rowspan="5">素质培养</td><td>出勤</td><td>按时到岗，学习准备就绪</td><td>10</td><td></td><td></td><td></td></tr>
<tr><td>道德自律</td><td>自觉遵守纪律，有责任心和荣誉感</td><td>10</td><td></td><td></td><td></td></tr>
<tr><td>学习态度</td><td>积极主动，不怕困难，勇于探索</td><td>10</td><td></td><td></td><td></td></tr>
<tr><td>团队分工合作</td><td>能融入集体，愿意接受任务并积极完成</td><td>10</td><td></td><td></td><td></td></tr>
<tr><td>好习惯养成</td><td>将实验器材分类、归位，并打扫卫生</td><td>10</td><td></td><td></td><td></td></tr>
<tr><td colspan="3">合计</td><td>100</td><td></td><td></td><td></td></tr>
<tr><td colspan="2">本组之星</td><td colspan="3"></td><td colspan="2" rowspan="2">两项评选活动是为了激励学生的学习积极性</td></tr>
<tr><td colspan="2">最佳小组</td><td colspan="3"></td></tr>
<tr><td colspan="2">填表说明</td><td colspan="5">1. 实际得分 = 自我评价（40%）+组间互评（60%）。
2. 考评满分为 100 分，60 分以下为不及格，60～69 分为及格，70～79 分为中等，80～89 分为良好，90～100 分为优秀。
3. “本组之星”可以是本次实训活动中突出贡献者，也可以是进步最大者，同样可以是其他某一方面表现突出者。
4. “组间互评”由评审团讨论后为各组给予的最终评价。评审团由各组组长组成，当各组完成实训活动后，各组组长先组织本组内部进行商议，然后各组组长将意见带至评审团，评价各组整体工作情况，将各组互评分数填入其中，“最佳小组”是小组实际得分最高者</td></tr>
</table>

四、任务拓展

影响含金矿石浮选的因素

影响含金矿石浮选的因素包括金粒的粒度、矿浆的浮选 pH 值、矿浆浓度、矿物组成等。

金粒的粒度极不一致,不同的粒度具有不同的可浮性。金粒的可浮性按粒度大小可分为四类:①大于 0.8 mm,不浮;②0.4~0.8 mm,只能浮出 5%~6%;③0.25~0.4 mm,浮出量约为 25%;④小于 0.25 mm,浮选回收率可达 96%。通常浮选金粒不应大于 0.2 mm,否则必须用重选、混汞或其他方法把全部大于 0.2 mm 的粗粒金选出。被浮粒子的极限尺寸与金粒的形状及表面状态亦有密切关系。扁平状的金粒(片状的与结核状的)易浮,球形的则较差。

浮选的最佳 pH 值为 7~9,介质调整剂一般用苏打。石灰会抑制含金黄铁矿,且在一定程度上抑制自然金。为了顺利地浮选金,必须采用活化剂,强烈搅拌,并在浮选机中保持较高的矿浆液面,以及快速刮出泡沫等。

矿浆浓度也很重要,一般认为,浓浆[液:固=(2~2.5):1]对提高粗粒金的回收率有利,但如果只含有片状的细粒金,则液固比可以很大(可稀释至 10:1)。

矿物组成对含金矿石的浮选有很大影响。当有游离金存在时,一般要用较强的捕收剂并增加起泡剂用量,在浮选终了时尤其要加强起泡作用。矿石中游离金的数量通常比较少,且比重较大,比硫化物难浮,采用浓浆可得到较好结果。若金粒表面存在氧化膜,则应增加与药剂的接触时间。为了活化黄铁矿,可在磨矿回路中加硫酸铜和苏打。有时在尾矿扫选回路中采用阳离子捕收剂选出石英,后者经再磨以解离出分散的细粒金。

拓展小知识

pH 值

pH 值,即氢离子浓度指数(hydrogen ion concentration),是衡量水体酸碱度的一个值,亦称氢离子浓度指数、酸碱值,是溶液中氢离子活度的一种标度,也就是通常意义上溶液酸碱程度的衡量标准。

目前有很多方法用于测定溶液的 pH 值。

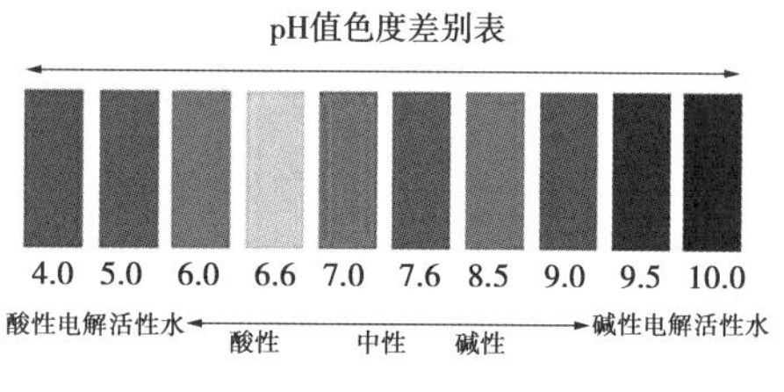

(1)使用 pH 指示剂。在待测溶液中加入 pH 指示剂,不同的指示剂根据不同的 pH 值会变化颜色,根据指示剂的颜色就可以确定 pH 值的范围。滴定时,使用 pH 指示剂,可以作为精确的 pH 值标准。

(2)使用 pH 试纸。pH 试纸有广泛试纸和精密试纸,用玻璃棒蘸一点待测溶液到试纸上,然后根据试纸的颜色变化,对照标准比色卡,可以得到溶液的 pH 值。pH 试纸不能够显示出油分的 pH 值,因为 pH 试纸以氢离子来量度待测溶液的 pH 值,但油中不含氢离子,因此 pH 试纸不能够显示出油分的 pH 值。

(3)使用 pH 计。pH 计是一种测定溶液 pH 值的仪器,它通过 pH 值选择电极(如玻璃电极)来测定出溶液的 pH 值。pH 计可以精确到小数点后两位。

pH 值在医学、化学、农业上都有广泛的用途。

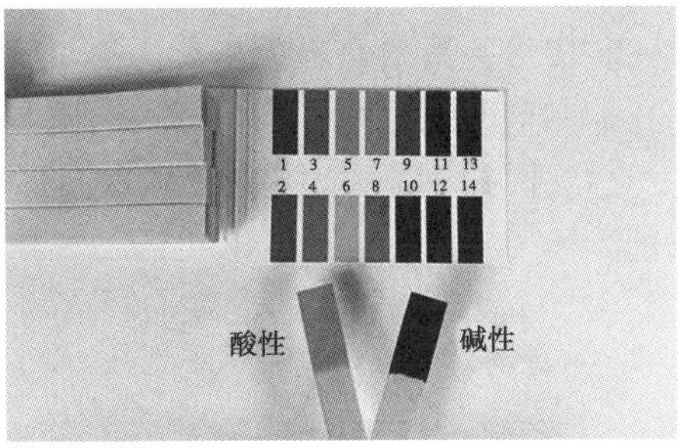

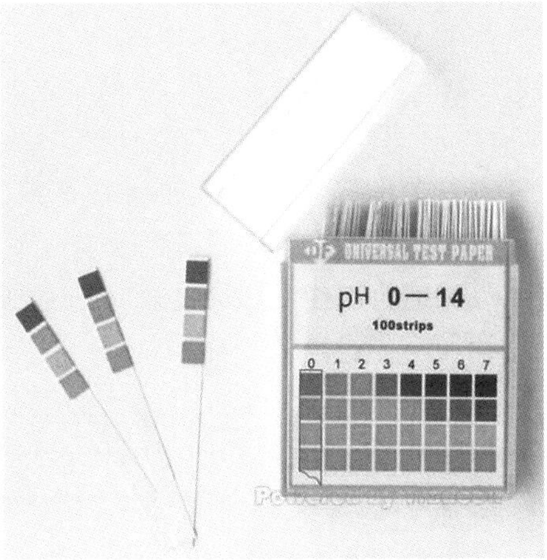

任务四　浮选影响因素——抑制剂

一、任务描述

本任务的要求依然是通过“理论实践要知道”的学习,继续拓宽自己的理论知识和实践知识领域,然后要求大家根据浮选实验结果确定最佳 pH 值,在最优的磨矿细度和最佳 pH 值条件下,以抑制剂用量为变量进行浮选实验操作,最终根据浮选实验结果确定抑制剂的最佳用量。

二、任务实施

(一)理论实践要知道

理论链接:抑制剂

1. 抑制剂的定义与作用

抑制剂是降低矿物可浮性的一种药剂。当浮选一种有用矿物时,如需要阻止其他矿物上浮,就要加抑制剂;当混合浮选出多金属后,再将它们一个一个分选开,也需要使用抑制剂来处理。

抑制剂的作用是削弱捕收剂与矿物表面的作用,恶化矿物可浮性的一种药剂。

2. 常用抑制剂药剂的应用

抑制剂药剂有重铬酸盐、石灰、硫酸锌、氰化物、水玻璃、硫化钠、一号纤维素等。

(1)重铬酸盐可以在方铅矿表面形成难溶而亲水的铬酸铅薄膜,是方铅矿的良好抑制剂。

(2)石灰是黄铁矿的良好抑制剂。

(3)硫酸锌与硫化钠等其他药剂配合使用,可以抑制闪锌矿。

(4)硫化钠是硫化矿的抑制剂,如抑制方铅矿、石英等。

(5)氰化物能抑制闪锌矿、黄铁矿、铜矿物等。

(6)水玻璃对硅酸盐和铝硅酸盐矿物有强抑制作用。如抑制绿柱石、锂辉石、长石、云母。

(7)一号纤维素是碳质碱性脉石、绿泥石等矿泥的有效抑制剂。

实践链接一:选矿厂实际生产小知识

1. 实际生产中合理选择的加药地点

为保证药剂能发挥最佳效能,应根据矿石性质、药剂性质及工艺要求合理地选择加药地点和加药方式。

加药地点的选择与药剂的用途和性质有关,通常是先加 pH 调整剂,可加到球磨机中,一方面可使抑制剂和捕收剂在 pH 值适宜的矿浆中发挥作用,另一方面可以消除某些对浮选有害的“难免离子”。抑制剂应加在捕收剂之前,通常也加到球磨机中,让抑制剂及早地与被抑制矿物产生的新鲜表面作用。活化剂常加到搅拌槽中,在槽中与矿浆搅拌一段时间,促使其与被活化的矿物作用。捕收剂和起泡剂加到搅拌槽或浮选机中,而难溶的捕收剂(如甲酚黑药、白药、煤油等)亦常加入球磨机中,这是为了促使其分散、延长与矿物的作用时间。

2. 选矿厂常见的加药方式

加药方式一般有两种:一种是一次性添加,另一种是分批添加。

一次性添加是在粗选作业前,将药剂集中一次加完。这样添加的药剂浓度高,添加起来方便。一般对于易溶于水的、不致被泡沫带走且在矿浆中不易反应而失效的药剂,常采用一次性加药的方式,如石灰、苏打等。

分批添加是沿着粗、精、扫的作业线分成几批几次添加。一般在浮选前加入总量的60%~70%,其余的分几批加入适当地点。对下列情况,应采用分批添加的方式:①易氧化、易分解、易起反应变质的药剂,如黄药、二氧化硫气体等;②难溶于水、易被泡沫带走的药剂,如油酸、脂肪胺类捕收剂;③用量要求严格的药剂,如硫化钠,如果局部用量过量,将会起反作用。

3. 实际生产合理选择的加药顺序

常见的加药顺序视情况而定:①浮选原矿时:pH 调整剂→抑制剂→捕收剂→起泡剂;②浮选被抑制的矿物时:活化剂→捕收剂→起泡剂。

实践链接二：选矿厂案例分享

某选矿车间工艺简介

某选矿车间建于2015年5月，主要以黄金冶炼产生的氰化尾渣为原料进行高效富集选硫。高硫精矿运至20万t/年硫酸厂制酸，浮选尾矿用于生产陶瓷建筑材料，实现了黄金氰化尾渣的无害化处理和资源化利用。

选厂设计处理能力为66万t/年，生产工艺有调浆、酸浸脱氰、浮选、精矿脱水、尾矿脱水5部分。将含硫25%的原料，富集成含硫47.5%的精矿，回收率居含氰硫铁矿选矿前列。

某选矿车间的浮选作业的给矿为酸浸后的氰化尾渣，氰化尾渣经过酸浸后的矿浆pH值约为5，酸浸结束后打入浮选槽，首先加入新药。新药主要为黄铁矿的活化剂和pH调整剂，用以提高黄铁矿的可浮性，其主要成分为硫化钠、碳酸钠；新药呈碱性，对pH值有调节作用。当矿浆的pH值调整为5.5~6.5时，再加入捕收剂黄药（异戊基黄药）继续进行浮选。经过浮选后得到含硫47.5%左右的精矿。在这样的作业条件下，避免了浮选时由于药剂可能分解而产生的刺激性气味，同时浮选废水也为无色的。

浮选设备采用了充气搅拌式浮选机，粗、扫选为7台100 m^3浮选机和5台16 m^3浮选机，两次精选为16台16 m^3浮选机，经一次优选、一次粗选、二次精选、三次扫选产出高品位硫精矿和高硅尾矿渣。精矿可以自流至精矿脱水工段的28 m浓密机中，也可以经过旋流器分级后，溢流自流至精矿脱水工段的28 m浓密机中，沉砂自流至精矿脱水工段的缓冲槽中。高硅尾矿渣直接溢流至缓冲槽，再泵送至高硅尾渣脱水工段。经过浮选后高硫精矿硫品位47.5%，高硅尾矿渣硫品位3%。具体工艺流程见图2-9，有以下特点：

（1）浮选机全封闭。通过管路连接气体净化设备，浮选机内产生负压，有害气体通过净化塔吸收后返回流程中。

（2）浮选机大型化。大容积浮选机具有安装台数少、占地面积小、操作控制简单、维护成本低等很多优点。

（3）浮选机自动化。浮选机与液面自动化控制系统配合使用。系统会自动检测泡沫层高低并自动调节阀门开度，保证浮选状态的整体稳定。

（4）设备润滑自动化。通过自动加油机，定时定量地往设备中注入润滑油，保证设备始终处于最佳润滑状态，延长轴件的使用周期。

（5）操作管理可视化。车间内所有机械设备的控制柜，都有详细的标签。管路上也都标明内部介质以及走向，便于精准操作及电气设备的维修。

（二）浮选药剂——抑制剂用量对浮选的影响实验操作

1. 实验目的

（1）通过抑制剂不同用量的浮选实验，确定适宜的抑制剂用量，注意观察抑制剂不同用量的浮选现象。

（2）掌握实验室浮选实验的各项操作技术。

（3）学会根据实验结果分析影响浮选过程的因素。

2. 取样

硫化矿，粒度0~3 mm，每份0.5 kg（矿样混样均匀后称取）。

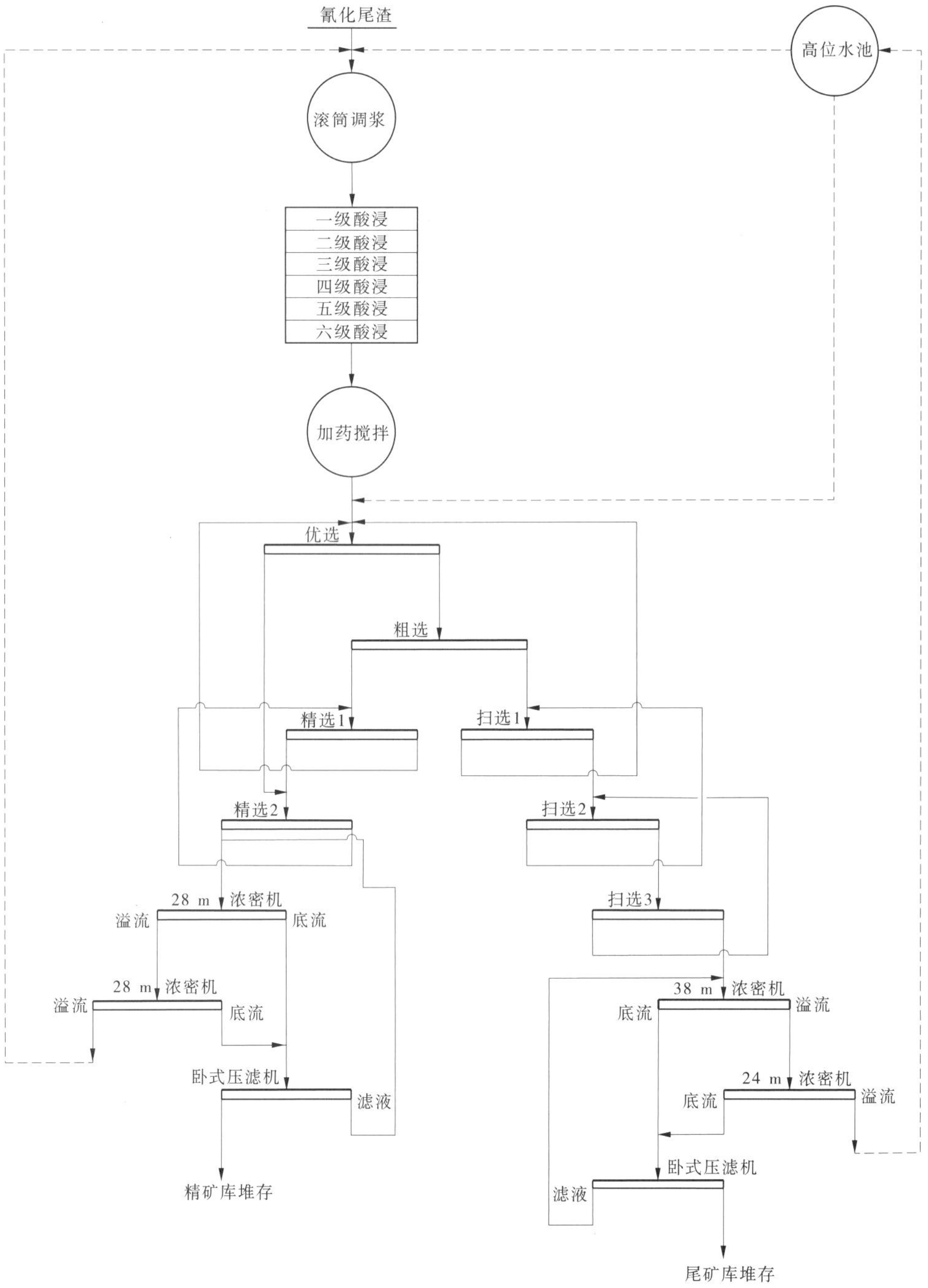

图 2-9 某选矿车间工艺流程

矿样的混匀与缩分方法如下所述：

(1)方格法：将试样混匀后摊平为一薄层，划分成许多小方格，用平铲逐格取样。可同时连续分出多个小份试样，常用于取化学分析试样和浮选试样。

(2)割环法:将用移锥或环锥法混匀的试样耙成一圆环,沿圆环依次割取小份试样。

3. 设备与仪器

抑制剂用量实验所需设备与仪器如表 2-12 所示。

表 2-12　抑制剂用量实验所需设备与仪器

序号	名称	序号	名称
1	球磨机	5	烘箱
2	浮选机	6	浮选药剂与矿样
3	制样铲、毛刷、试样袋、分样刀、分样布、研体等制样工具	7	量筒、烧杯、容量瓶、玻璃棒、移液管等玻璃仪器若干
4	台秤、秒表、滤纸、注射器	8	中号搪瓷盘若干,大盆若干

4. 抑制剂用量实验流程及操作条件

抑制剂用量实验流程及操作条件如图 2-10 所示。

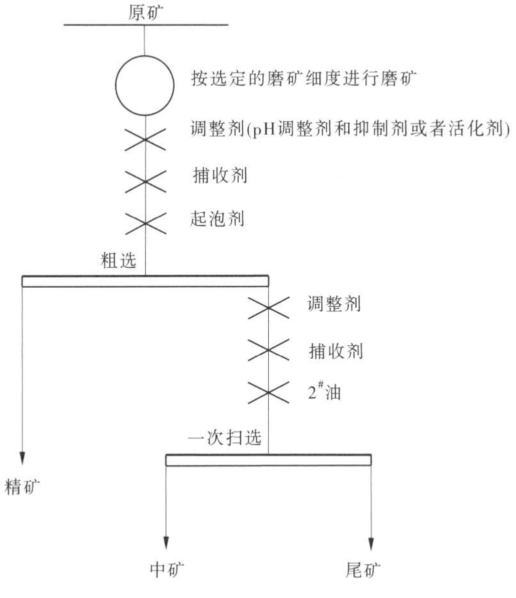

图 2-10　抑制剂用量实验流程及操作条件

5. 实验步骤

(1)检查、清理、清洗实验设备用具。

(2)取代表性试料 3 份,每份 500 g,粒度 0~3 mm。按项目二选定的磨矿条件进行磨矿,磨矿浓度为 50%。磨矿产物(矿浆)按图 2-10 所示流程进行浮选,比较其结果。

(3)药剂的配制、添加。

水溶性药剂配制成水溶液添加,可配制成浓度 1%,用量筒添加。非水溶性药剂如松油,用医用注射器添加。药剂添加的溶液体积按下式计算:

$$V=\frac{qQ}{1\ 000M}$$

式中 V——药剂溶液添加体积,mL;

q——药剂用量,g/t;

Q——实验矿石质量,kg;

M——浓度(%)。

浮选药剂的添加量为:硫化钠(变量)50 g/t、70 g/t、90 g/t 等(根据实验结果曲线补充抑制剂用量,直到找到最优抑制剂药剂用量)。根据选择的磨矿细度进行磨矿,根据 pH 值影响因素专题实验(本项目任务三)确定的最优 pH 值,调整矿浆 pH 值,捕收剂(黄药)用量暂定 80 g/t(后续捕收剂用量通过专题实验进行确定),$2^{\#}$油用量根据不同型号的针管滴加,扫选实验药剂量减半。根据所定药剂的用量以及配置药剂的浓度,计算出药剂添加的溶液体积,并将计算结果填在计算表 2-13 中。

表 2-13 药剂用量计算表

药剂用量/(g/t)	药剂添加的溶液体积(浓度________%)

(4)将浮选机冲洗干净,开动浮选机,关闭进气阀,把磨矿产物(矿浆)加入浮选槽内,按图 2-10 所示工艺流程及操作条件,分别进行搅拌、调浆、浮选。

(5)浮选完毕后,将产品收集、过滤、烘干、称重、记录,将产品缩分、制备为分析样。

(6)实验完毕后,清洗、整理设备,清扫实验场地。

(7)将实验原始记录填入表 2-14 内。

表 2-14 实验数据记录

<table>
<tr><th>实验编号</th><th>产品名称</th><th>质量/g</th><th>产率/%</th><th>品位/%</th><th>$\gamma\beta$</th><th>回收率/%</th><th>实验条件</th></tr>
<tr><td rowspan="4">1</td><td>精矿</td><td></td><td></td><td rowspan="2"></td><td rowspan="2"></td><td rowspan="2"></td><td rowspan="4"></td></tr>
<tr><td>中矿</td><td></td><td></td></tr>
<tr><td>尾矿</td><td></td><td></td><td rowspan="2"></td><td rowspan="2"></td><td rowspan="2"></td></tr>
<tr><td>原矿</td><td></td><td></td></tr>
<tr><td rowspan="4">2</td><td>精矿</td><td></td><td></td><td rowspan="2"></td><td rowspan="2"></td><td rowspan="2"></td><td rowspan="4"></td></tr>
<tr><td>中矿</td><td></td><td></td></tr>
<tr><td>尾矿</td><td></td><td></td><td rowspan="2"></td><td rowspan="2"></td><td rowspan="2"></td></tr>
<tr><td>原矿</td><td></td><td></td></tr>
</table>

续表 2-14

实验编号	产品名称	质量/g	产率/%	品位/%	$\gamma\beta$	回收率/%	实验条件
3	精矿						
	中矿						
	尾矿						
	原矿						

6. 编写实验报告

(1)计算实验结果,并将结果填入表 2-14 内。

(2)根据实验结果进行分析,选定适宜的黄药用量条件。

三、任务评价

每个实训项目中的任务会以竞赛的形式进行评分,“理论实践要知道”任务各组分别出题互考互评,“抑制剂用量对浮选的影响实验操作”任务分组拍摄操作视频,并将视频上传至网络教学平台,待大家实操结束后,分组相互观看视频,查漏补缺,扬长避短,相互评分,评出“本组之星”,完成组间互评并评出“最佳小组”,将评分填入任务考核评价表(见表 2-15)中。

表 2-15　任务考核评价表

被考人			考评时间			
考评内容		抑制剂用量对浮选的影响实验				
考评指标		考评标准	分值	自我评价	组间互评	实际得分
专业知识技能掌握	理论实践要知道	掌握	10			
	抑制剂用量对浮选的影响实验操作的正确性	掌握	10			
	药剂配置的准确性	掌握	10			
	数据计算的准确性	掌握	10			
	实训报告的完整性	掌握	10			

续表 2-15

<table>
<tr><td colspan="2">考评指标</td><td>考评标准</td><td>分值</td><td>自我评价</td><td>组间互评</td><td>实际得分</td></tr>
<tr><td rowspan="5">素质培养</td><td>出勤</td><td>按时到岗,学习准备就绪</td><td>10</td><td></td><td></td><td></td></tr>
<tr><td>道德自律</td><td>自觉遵守纪律,有责任心和荣誉感</td><td>10</td><td></td><td></td><td></td></tr>
<tr><td>学习态度</td><td>积极主动,不怕困难,勇于探索</td><td>10</td><td></td><td></td><td></td></tr>
<tr><td>团队分工合作</td><td>能融入集体,愿意接受任务并积极完成</td><td>10</td><td></td><td></td><td></td></tr>
<tr><td>好习惯养成</td><td>将实验器材分类、归位,并打扫卫生</td><td>10</td><td></td><td></td><td></td></tr>
<tr><td colspan="3">合计</td><td>100</td><td></td><td></td><td></td></tr>
<tr><td colspan="2">本组之星</td><td colspan="3"></td><td colspan="2" rowspan="2">两项评选活动是为了激励学生的学习积极性</td></tr>
<tr><td colspan="2">最佳小组</td><td colspan="3"></td></tr>
<tr><td colspan="2">填表说明</td><td colspan="5">1. 实际得分=自我评价(40%)+组间互评(60%)。
2. 考评满分为 100 分,60 分以下为不及格,60~69 分为及格,70~79 分为中等,80~89 分为良好,90~100 分为优秀。
3. “本组之星”可以是本次实训活动中突出贡献者,也可以是进步最大者,同样可以是其他某一方面表现突出者。
4. “组间互评”由评审团讨论后对各组给予的最终评价。评审团由各组组长组成,当各组完成实训活动后,各组组长先组织本组内部进行商议,然后各组组长将意见带至评审团,评价各组整体工作情况,将各组互评分数填入其中,“最佳小组”是小组实际得分最高者</td></tr>
</table>

四、任务拓展

含金矿石的浮选药剂制度

(一)自然金浮选时的主要药剂制度

自然金浮选过程中采用的捕收剂一般为黄药和黑药,如果在中性和弱碱性条件下进行,pH 调整剂可选用碳酸钠;如果在强碱条件下进行,可采用石灰作为抑制剂。浮选过程中硫化矿的抑制剂可选用氰化物和硫化钠,伴生硅酸盐矿物的抑制剂可采用水玻璃,起泡剂可采用松醇油和甲酚。

(二)含金黄铁矿浮选时的主要药剂制度

含金黄铁矿浮选时,可采用丁基黄药(中性油辅助)和其他硫氢基捕收剂捕收,用硫酸铜、碳酸钠或硅氟酸钠作为黄铁矿的活化剂,在中性和弱碱性条件下分选时可采用碳酸钠和硫酸作为 pH 调整剂,在强碱性条件下分选时,可用石灰作为 pH 调整剂,氰化物和硫酸锌作为抑制剂,采用松醇油和甲酚作为起泡剂。如矿石受氧化作用严重,可采用硫化钠作为含金黄铁矿的活化剂。

（三）含金铜、铅硫化矿浮选时的主要药剂制度

含金铜、铅硫化矿浮选时，可采用黄药和黑药作为捕收剂，被氰化物抑制过的硫化矿可采用硫酸铜和硝酸铅作为活化剂，采用石灰、氰化物抑制金铜矿物，铬酸盐抑制铅矿物，采用硫酸锌和氰化物代用品抑制伴生的锌铁硫化物，起泡剂采用松油、甲酚和合成起泡剂。

（四）含金辉锑矿浮选时的主要药剂制度

含金辉锑矿浮选时，捕收剂可采用黄药和黑药，采用硝酸铅、氟硅酸钠、硫酸铜作为活化剂，根据矿石特性可在中性或强碱性条件下进行分选，用松油作为浮选时的起泡剂。

（五）组合药剂的研制和应用进展

金多与硫化矿共生，很多硫化矿成为金的载体，它们所用捕收剂多与硫化矿相似。在生产中常用捕收剂有乙基黄药、异丙基黄药、丁基黄药、戊基黄药及这些黄药的组合，还有的使用黑药及 Z-200 等。

不同的药剂在浮选过程中作用不同，药剂作用除有捕收、起泡和调整等作用的区别外，即使是同一类型的药剂，往往也使用两种以上。例如捕收剂，很多资料表明，混合用药比单一用药要好。这种现象称为“协同效应”。如有关研究成果和生产实践表明，将丁基黄药和丁基铵黑药两种药剂混合使用，比单独添加其中任何一种药剂都好，金的回收率都有明显的提高。如浙江某金选厂，在采用丁基铵黑药和丁基黄药混合比例为 2∶1时，金、银回收率分别达到 97.37%和 91.86%，比原来提高了 7.11%和 10.52%，同时精矿中金、银品位也有很大幅度的提高。

低级黄药与高级黄药组合，使刚开始氧化的含金硫化矿的浮选有所改善。在浮选自然金时，特别是有难浮硫化矿时，采用两种捕收剂组合比单用其中任何一种的效果都好。

拓展小知识

狗头金

狗头金，为一种富金矿矿石，是天然产出的、质地不纯的、颗粒大而形态不规则的块金。它通常由自然金、石英和其他矿物集合体组成。有人因其形似狗头，称之为狗头金。也有人因其形似马蹄，称之为马蹄金，但多数通称这种天然块金为狗头金。

狗头金

任务五　浮选影响因素——捕收剂

一、任务描述

本任务的要求依然是通过“理论实践要知道”的学习，继续拓宽自己的理论知识和实践知识领域，然后要求大家根据浮选实验结果确定最佳抑制剂用量，在最优的磨矿细度、最佳 pH 值及最佳抑制剂用量的条件下，以捕收剂用量为变量进行浮选实验操作，最终根据浮选实验结果确定捕收剂的最佳用量。

二、任务实施

（一）理论实践要知道

理论链接：黄药和黑药

1. 黄药

黄药的化学名称为烃基二硫代碳酸盐，有乙基黄药、丁基黄药、戊基黄药等。黄药是浮选硫化矿物，如方铅矿、黄铜矿、闪锌矿、黄铁矿、自然金、自然银、汞、孔雀石等，是最常用的捕收剂。

黄药的特征：呈淡黄色结晶状粉末，易溶于水，受热、受潮、遇碱/酸易分解，有刺激性气味，点火燃烧。应储存在阴凉、干燥的地方。

2. 黑药

黑药的化学名称为烃基二硫代磷酸盐。常用的是甲苯基黑药，因其在制造配料时加入的五氧化二磷的量不同，分为 15 号黑药、25 号黑药、31 号黑药。近年来又试制成功了丁基铵黑药。黑药多用于浮选含黄铁矿的硫化铜矿、铅锌及铜锌多金属矿。

黑药的特征：多呈暗绿色油状液体，有腐蚀性，微溶于水，遇热分解，除有捕收性能外，还有起泡性能，它的选择性好，对黄铁矿的捕收能力较差。此外，黑药在酸性矿浆中不易分解，也较难氧化。但又因其中溶有少量 H_2S、Na_2S 等重金属氧化矿的硫化剂，因此用黑药选轻微氧化的硫化矿是适宜的。

实践链接一：选矿厂实际生产小知识

1. 黄药的使用与保管应注意什么事项？

黄药是浮选硫化矿最常用的一种捕收剂，为了使其充分发挥药效，使用和保管时应注意以下几个方面：

（1）尽可能在碱性矿浆中使用。因为黄药在水中易解离，进而可以发生水解和分解。以钠黄药为例，反应式如下：

$$ROCSSNa \xlongequal{解离} ROCSS^- + Na^+$$

$$ROCSS^- + H_2O \xleftrightarrow{水解} ROCSSH + OH^-$$

$$ROCSSH \xleftrightarrow{分解} CS_2 + ROH$$

黄药的解离是我们所希望的，因为黄药起捕收作用的主要是黄药的阴离子($ROCSS^-$)。但若不加以控制，任上述反应进行下去，黄药就会进而水解成黄原酸(ROCSSH)，且最后分解成醇和二硫化碳而失效。从以上反应可以看出，只有矿浆保持碱性，即增加OH^-的质量分数，才能使水解反应向左进行，保持较高的黄药阴离子质量分数，提高捕收效果。所以，黄药一般应在碱性矿浆(pH>7)中使用。

如果有些情况需要在酸性矿浆中使用，则应使用高级黄药，因为高级黄药在酸性矿浆中比低级黄药分解得慢；此外，要尽可能分段多次加药。

(2)黄药溶液要随配随用，不要一次配得太多，更不要用热水配。在生产现场，黄药一般要配成1%的水溶液使用。由于黄药易水解、分解失效，因此不要一次配得太多。不能用热水配，这是因为黄药遇热会分解得更快。

(3)为了防止黄药分解失效，保管时应密闭保存，防止与潮湿的空气及水接触，应保存在干燥、阴凉和通风好的地方。不要受热，注意防火。

2. 黑药与黄药相比有哪些特点？

黑药也是硫化矿浮选较常用的一种捕收剂，与黄药相比，它捕收力比较弱，但选择性比较好。它的选择性主要体现在对黄铁矿的捕收力较弱。利用这一性质，可以用于含有黄铁矿的其他硫化矿的浮选。例如，在要抑制黄铁矿浮游铅、铜的硫化矿物时，用它可以降低黄铁矿的抑制剂用量和提高精矿品位。另外，与黄药相比，黑药在酸性介质中不易分解。当要求在酸性矿浆中进行浮选时，可以选择黑药作为捕收剂。再就是黑药兼有起泡性，浮选时可以不用或少用起泡剂。

实践链接二：选矿厂案例分享

某黄金矿业有限公司选矿厂简介

某黄金矿业有限公司于1984年建矿进行黄金生产，主要经营范围为金矿开采、金矿探矿、选矿及黄金冶炼。某黄金矿业有限公司选矿厂(见图2-11)位于辽宁省凤城市青城子镇白云村，北邻本溪市，西邻辽阳市。矿石类型较为单一，主要有含金硅钾蚀变岩型和含金石英脉型两种金矿石，主要金矿体为含金硅钾蚀变岩型矿石，属易选冶类型。

图2-11　某黄金矿业有限公司选矿厂

某黄金矿业有限公司选矿车间碎磨浮选工段

碎磨工段：井下采出矿石(-350 mm)经格筛进入原矿仓中，仓下给料机给入 PEF0710 颚式破碎机，破碎产品粒度-180 mm，并通过 0#皮带输送机(10080 型)和 1#皮带输送机(10063 型)给入 2YAH2460 圆振筛中，上层筛(筛孔 100 mm)筛上产品进入中碎缓冲矿仓，经皮带给料机给入 1 台 PEX0313 颚式破碎机，下层筛(筛孔 14 mm)筛上产品进入细碎缓冲矿仓，经皮带给料机给入 1 台 HP300 短头圆锥破碎机，中碎产品(-60 mm)和细碎产品(-18 mm)由 2#皮带输送机(10063 型)、1#转运站、3#转运站、3#皮带输送机(10063 型)转运到 0#皮带上，返回圆振筛。筛下合格产品(-12 mm)由 4#皮带输送机(10063 型)、2#转运站、6#皮带输送机进入原有粉矿仓。

粉矿仓产品经 7#皮带输送至磨矿车间内，由 8#皮带输送机给入 3.6 m×6.0 m 湿式球磨机中，球磨机与旋流器构成闭路磨矿，旋流器溢流进入浮选作业，各工段现场设备见图 2-12。

(a)破碎作业　(b)磨矿作业　(c)浮选作业

图 2-12　各工段现场设备

浮选工段：设计浮选作业采用单系列，流程结构为“一粗三扫二精”，旋流器溢流自流至 1 台 BCF-A3550 高效矿浆搅拌槽，经加药搅拌后给入粗选(3 槽 XCF/KYF-40 浮选机)，粗选尾矿给入一次扫选(3 槽 XCF/KYF-40 浮选机)，一次扫选尾矿给入二次扫选(2 槽 XCF/KYF-40 浮选机)，二次扫选尾矿给入三次扫选(2 槽 XCF/KYF-24 浮选机)，各次扫选作业精矿依次返回上一段作业，粗选精矿给入一次精选(4 槽 XCF/KYF-8 浮选机)，一次精选泡沫给入二次精选(2 槽 XCF/KYF-8 浮选机)，各次精选尾矿返回上一段作业。二次精选精矿为浮选金精矿，由渣浆泵输送至浓缩机进行脱水，具体工艺流程见图 2-13。

(二)浮选药剂——捕收剂用量对浮选的影响实验操作

1. 实验目的

(1)通过捕收剂不同用量的浮选实验，确定适宜的捕收剂用量，注意观察捕收剂不同用量的浮选现象。

(2)掌握实验室浮选实验的各项操作技术。

(3)学会根据实验结果分析影响浮选过程的因素。

2. 实验原理

捕收剂的主要作用是使目的矿物表面疏水，增加可浮性，使其易于向气泡附着，从而

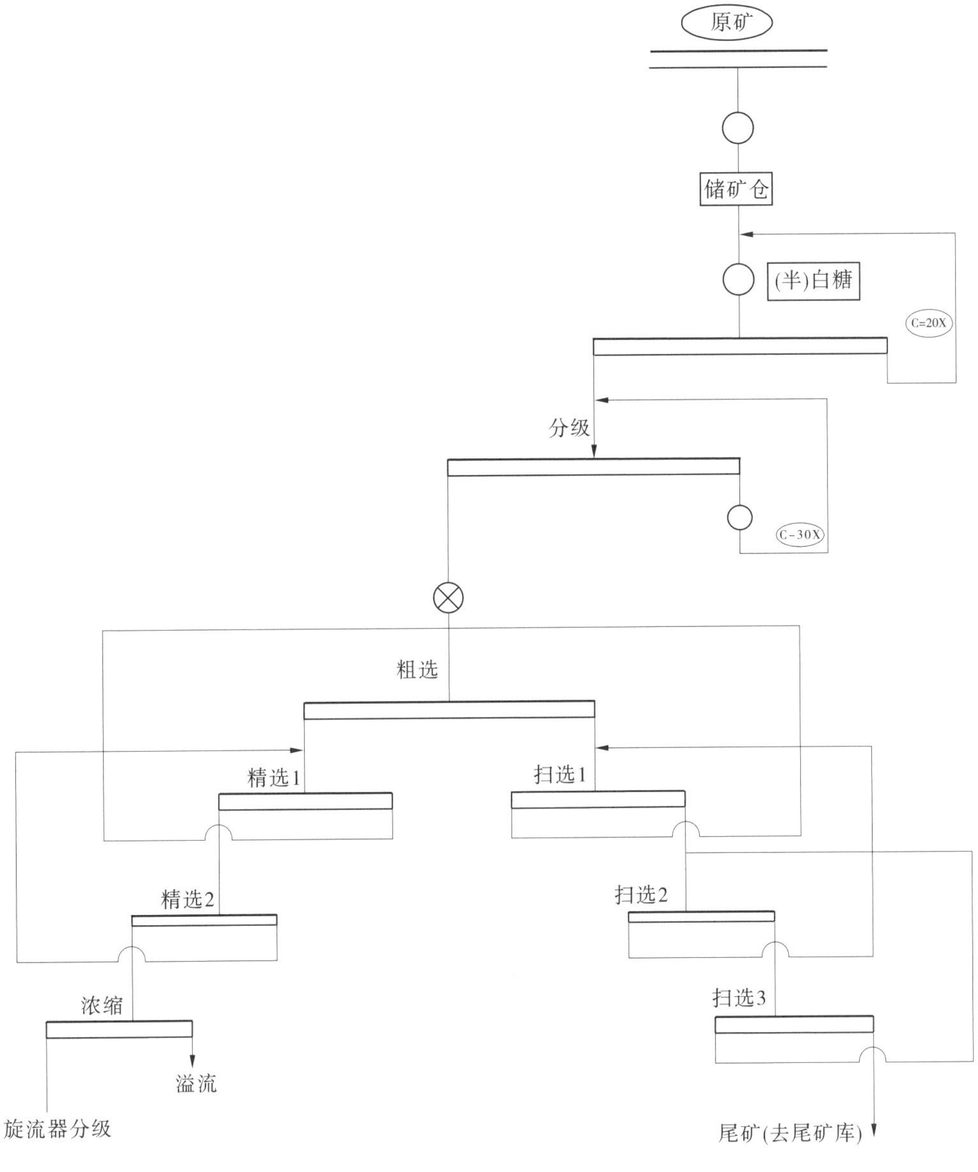

图 2-13　某选矿厂选矿工艺流程

达到目的矿物与脉石矿物分离的目的。金属矿硫化矿使用黄药、黑药类及混合药剂捕收剂对其进行捕收浮选,调整剂为石灰、硫化钠等。

3. 试料

含金硫化矿,粒度 0~3 mm,每份 0.5 kg。

4. 物料、仪器和用具

捕收剂用量实验所需的实验物料、仪器和试剂如表 2-16 所示。

表 2-16 实验所需的物料、仪器和用具

序号	名称	序号	名称
1	球磨机	5	烘箱
2	浮选机	6	浮选药剂与矿样
3	制样铲、毛刷、试样袋、分样刀、分样布、研体等制样工具	7	量筒、烧杯、容量瓶、玻璃棒、移液管等玻璃仪器若干
4	台秤、秒表、滤纸、注射器	8	中号搪瓷盘若干,大盆若干

5. 实验流程及操作条件

实验流程及操作条件如图 2-14 所示。

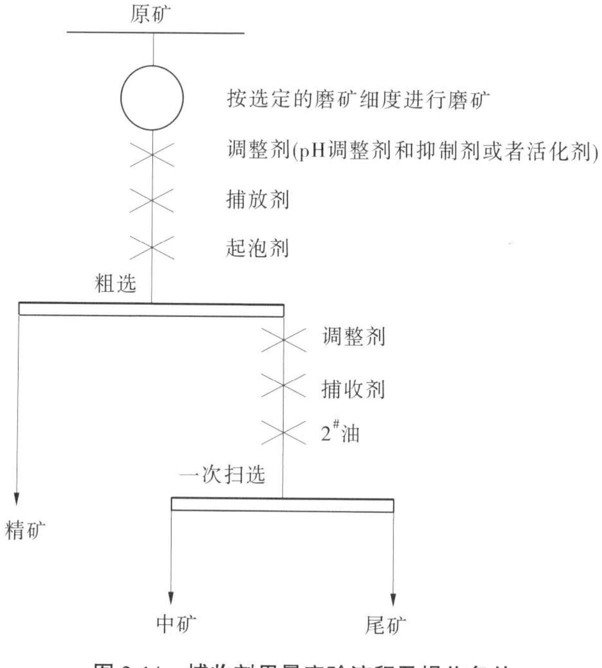

图 2-14 捕收剂用量实验流程及操作条件

6. 实验步骤

(1)检查、清理、清洗实验设备用具。

(2)取代表性试料 3 份,每份 500 g,粒度 0~3 mm。按已确定的最优磨矿细度进行磨矿,磨矿浓度为 50%。磨矿产物(矿浆)按图 2-14 所示流程进行浮选,比较其结果。

(3)药剂的配制、添加。

水溶性药剂配制成水溶液添加,可配制成浓度 1%,用量筒添加。非水溶性药剂如松油,用医用注射器添加。药剂添加的溶液体积按下式计算:

$$V=\frac{qQ}{1\ 000M}$$

式中 V——药剂溶液添加体积,mL;

q——药剂用量,g/t;

Q——实验矿石质量，kg；

M——浓度（%）。

浮选药剂的添加量为：捕收剂（变量）60 g/t，80 g/t，100 g/t 等（根据实验结果曲线补充捕收剂用量，直到找到最优捕收剂药剂用量）。根据选择的磨矿细度进行磨矿，根据确定的最优 pH 值及抑制剂用量加入调整剂，2[#]油用量采用针管滴加，扫选实验药剂量减半，并将计算结果填在计算表 2-17 中。

表 2-17　浮选药剂用量记录表

药剂用量/（g/t）	药剂添加的溶液体积（浓度 1%）

（4）将浮选机冲洗干净，启动浮选机，关闭进气阀，把磨矿产物（矿浆）加入浮选槽内，按图 2-14 所示流程及操作条件，分别进行搅拌、调浆、浮选。

（5）浮选完毕后，将产品收集、过滤、烘干、称重、记录，将产品缩分、制备为分析样。

（6）实验完毕后，清洗、整理设备，清扫实验场地。

（7）将实验原始记录填入表 2-18 内。

7. 编写实验报告

（1）计算实验结果，并将结果填入表 2-18 内。

（2）根据实验结果进行分析，选定适宜的捕收剂用量条件。

表 2-18　实验原始数据记录表

实验编号	产品名称	质量/g	产率/%	品位/%	$\gamma\beta$	回收率/%	实验条件
1	精矿						
	中矿						
	尾矿						
	原矿						
2	精矿						
	中矿						
	尾矿						
	原矿						
3	精矿						
	中矿						
	尾矿						
	原矿						

三、任务评价

每个实训项目中的任务会以竞赛的形式进行评分,“理论实践要知道”任务各组分别出题互考互评,“捕收剂用量对浮选的影响实验操作”任务分组拍摄操作视频,并将视频上传至网络教学平台,待大家实操结束后,分组相互观看视频,查漏补缺,扬长避短,相互评分,评出“本组之星”,完成组间互评并评出“最佳小组”,将评分填入任务考核评价表(见表 2-19)中。

表 2-19　任务考核评价表

<table>
<tr><td colspan="2">被考人</td><td></td><td colspan="2">考评时间</td><td colspan="2"></td></tr>
<tr><td colspan="2">考评内容</td><td colspan="5">捕收剂用量对浮选的影响实验</td></tr>
<tr><td colspan="2">考评指标</td><td>考评标准</td><td>分值</td><td>自我评价</td><td>组间互评</td><td>实际得分</td></tr>
<tr><td rowspan="5">专业知识技能掌握</td><td>药剂配置的准确性</td><td>掌握</td><td>10</td><td></td><td></td><td></td></tr>
<tr><td>小型浮选机的正确使用</td><td>掌握</td><td>10</td><td></td><td></td><td></td></tr>
<tr><td>磁力搅拌器的正确使用</td><td>掌握</td><td>10</td><td></td><td></td><td></td></tr>
<tr><td>数据计算的准确性</td><td>掌握</td><td>10</td><td></td><td></td><td></td></tr>
<tr><td>实训报告的完整性</td><td>掌握</td><td>10</td><td></td><td></td><td></td></tr>
<tr><td rowspan="5">素质培养</td><td>出勤</td><td>按时到岗,学习准备就绪</td><td>10</td><td></td><td></td><td></td></tr>
<tr><td>道德自律</td><td>自觉遵守纪律,有责任心和荣誉感</td><td>10</td><td></td><td></td><td></td></tr>
<tr><td>学习态度</td><td>积极主动,不怕困难,勇于探索</td><td>10</td><td></td><td></td><td></td></tr>
<tr><td>团队分工合作</td><td>能融入集体,愿意接受任务并积极完成</td><td>10</td><td></td><td></td><td></td></tr>
<tr><td>好习惯养成</td><td>将实验器材分类、归位,并打扫卫生</td><td>10</td><td></td><td></td><td></td></tr>
<tr><td colspan="3">合计</td><td>100</td><td></td><td></td><td></td></tr>
<tr><td colspan="2">本组之星</td><td colspan="3"></td><td colspan="2" rowspan="2">两项评选活动是为了激励学生的学习积极性</td></tr>
<tr><td colspan="2">最佳小组</td><td colspan="3"></td></tr>
<tr><td colspan="2">填表说明</td><td colspan="5">1. 实际得分=自我评价(40%)+组间互评(60%)。
2. 考评满分为 100 分,60 分以下为不及格,60~69 分为及格,70~79 分为中等,80~89 分为良好,90~100 分为优秀。
3. “本组之星”可以是本次实训活动中突出贡献者,也可以是进步最大者,同样可以是其他某一方面表现突出者。
4. “组间互评”由评审团讨论后为各组给予的最终评价。评审团由各组组长组成,当各组完成实训活动后,各组组长先组织本组内部进行商议,然后各组组长将意见带至评审团,评价各组整体工作情况,将各组互评分数填入其中,“最佳小组”是实际得分最高者</td></tr>
</table>

四、任务拓展

含金黄铁矿和毒砂的浮选分离方法

黄铁矿与毒砂的分离，对于处理含金砷硫化矿石具有重要意义。其分选原理是一些药剂如石灰、硫酸铜、无机氧化剂、氯化铵、有机抑制剂、碳酸盐对这两种矿物的选择性作用。黄铁矿与毒砂的分离方法有下列几种：

(1)用硫酸铜活化毒砂，在石灰介质中使之优先被选为泡沫产物，而黄铁矿则留在槽内。

(2)在石灰介质中加入足够多的氯化铵抑制毒砂，浮出黄铁矿。

(3)采用无机氧化剂，或往矿浆中吹入氧使毒砂受到抑制，浮出黄铁矿。

(4)采用有机抑制剂选择性抑制毒砂，浮选黄铁矿。

(5)采用碳酸盐选择性活化黄铁矿，从而现毒砂分离。

拓展小知识

黄药

黄药常用的有乙基黄药、丁基黄药、异丙基黄药、异丁基黄药、戊基黄药、己基黄药等。学名为烃基黄原酸盐或烃基二硫代碳酸盐。

黄药用途甚广，橡胶工业用黄药作为硫化促进剂，分析化学中用乙基黄原酸钾作为铜、镍等金属离子的沉淀剂及比色试剂，冶金工业中用黄药作为从溶液中沉淀钴、镍的试剂，纤维素黄原酸钠用以制造人造纤维。浮选应用黄药作为捕收剂始于1924年，黄药是应用最广的硫化矿捕收剂。

黄药的分子结构与浮选性能有密切关系，一般而言，黄药分子中的碳链越长，其捕收能力越强，即随着醇基分子量的增加而增大；带有支链的同系异构体较直链的捕收作用强。

低级黄药和高级黄药的含义：黄药的种类大致有11种之多，比较常用的有乙基黄药和丁基黄药。习惯上把烃基中碳原子数小于或等于2的黄药，称为低级黄药；把碳原子数在2以上的黄药，称为高级黄药。

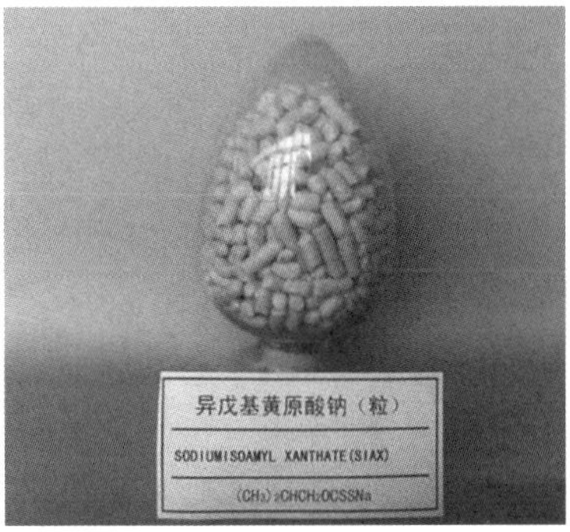

任务六　浮选影响因素——混合药剂

一、任务描述

本任务的要求依然是通过“理论实践要知道”的学习，继续拓宽自己的理论知识和实践知识领域，然后要求大家根据浮选实验结果确定最佳抑制剂用量，在最优的磨矿细度、最佳 pH 值及最佳抑制剂用量的条件下，以捕收剂（混合用药）用量为变量进行浮选实验操作，最终根据浮选实验结果确定捕收剂（混合用药）的最佳用量。

二、任务实施

（一）理论实践要知道

理论链接：常见的混合用药

1. 不同黄药或黄药与其他药剂的混合使用

不同黄药或黄药与其他药剂的混合使用进行浮选实验会产生不同的浮选结果，其实验结果对比如表 2-20 所示。

表 2-20　不同黄药或黄药与其他药剂的混合使用实验结果对比

硫化铅锌矿（含锌 12.16%）	乙基黄药、丁基黄药及戊基黄药	乙基黄药与丁基黄药	乙基黄药与戊基黄药或丁基黄药与戊基混合黄药
锌的回收率	86.7%	82%	84.9%
硫化铜矿（含铜 0.45%）	乙基黄药、丁基黄药及戊基黄药混合物+黑药	乙基黄药与黑药(1:1)	
铜精矿回收率	65.1%	36.5%	
含硫化铁的白云石矿（含硫 11.03%）	多种黄药为混合捕收剂	单独使用一种黄药	
硫的回收率	>91%	≤53%	

通过表 2-20 所示的不同黄药或黄药与其他药剂的混合使用实验结果对比进行思考。

2. 脂肪酸类捕收剂的混合使用

塔尔油是脂肪酸与松脂酸的自然混合物，使用不同组成的塔尔油作为浮选捕收剂，达到节约脂肪酸用量、降低药剂成本的目的。

油酸或油酸钠在浮选研究及浮选实践上是一种最常见的氧化矿捕收剂，但是由于油酸本身是一种很不容易精制成纯品的药剂，常说的油酸捕收剂，严格而论，都不是纯油酸而是含有相当多的(最高达25%左右)其他脂肪酸的混合物。

3. 脂肪酸与矿物油的混合使用

在浮选工艺中，脂肪酸类捕收剂常常与矿物油一起混合使用，已经是常见的事实。用油酸及煤油混合剂、氟硅酸钠为分散剂，可分离金红石与锆英石精矿。用油酸与柴油浮选萤石，或用油酸与燃料油浮选萤石。用脂肪酸与燃料油的混合剂浮选氧化铁矿，效果比单独使用脂肪酸好，铁回收率达83%~93%，用一般浮选方法时铁回收率只有60%左右。除矿物油外，脂肪酸皂也可以与动植物油一起作为混合捕收剂。例如，用鱼油及其脂肪酸皂混合，可以作为钨矿、铀矿、萤石、重晶石及磷矿的捕收剂。

4. 脂肪酸与烷基磺酸盐或烷基硫酸盐的混合使用

用油酸与磺酸盐的混合物作为捕收剂，这种混合物可以部分地溶解在水内，甚至当温度在5 ℃时仍然可以完全在水内分散成稳定的乳剂。用油酸与烷基硫酸钠混合捕收剂浮选重晶石。过去处理重晶石的条件是pH=9.5~10，粒度-0.074 mm的占75%~80%，药剂消耗量为水玻璃3 kg/t、油酸0.2 kg/t。实验室实验证明，如果在上述药剂用量基础上再加入0.6 kg/t的烷基硫酸钠，硫酸钡的回收率由23%提高到80%，硫酸钡品位由57%增至77%。

5. 脂肪酸与酚类混合使用

酚类在浮选工艺中是使用比较广泛的起泡剂，对某些矿物有一定的捕收能力，但是很弱。脂肪酸是强的捕收剂，同时兼有起泡性。脂肪酸与几种高分子量的酚类的混合物是浮选菱锌矿的有效捕收剂。利用酚油与氧化石蜡皂的混合捕收剂浮选赤铁矿时，酚油与氧化石蜡皂的混合比例以20:1、15:1、10:1的选矿指标较好，1:1或1:4不好，7:1或4:1更不好。

6. 阳离子型胺类捕收剂与其他药剂混合使用

1) 不同碳链的混合胺

阳离子型胺类捕收剂的脂肪胺在浮选工艺中一般都是用一系列的混合物，制造原料可以是塔尔油、大豆油、椰子油等，不经过分离、真空分馏等精制手续，从而可以大大降低成本。不同长度碳链的混合脂肪胺，其浮选效果比单独使用一种脂肪胺好。

2) 脂肪胺与煤油混合使用

浮选石英的过程中，在一系列的阳离子捕收剂中，由庚胺到月桂胺分别加入煤油进行比较，证明脂肪胺与煤油的混合捕收剂比纯脂肪胺具有更高的捕收能力。其中，最适宜的比例为1:1。值得注意的是，使用这样的混合捕收剂不仅提高了石英的产率，最重要的是降低了药剂成本，这是因为煤油远比胺类便宜。

7. 其他类型的混合药剂

1) 起泡剂的混合使用

一般来说，混合使用两种起泡剂的时候，可以调节浮选过程中泡沫层的体积和泡沫的稳定性，以及空气泡的上升速度。聚乙二醇单丁基醚与非极性油混合使用，还可以降低起泡剂的成本。

用煤油浮选煤时,添加起泡剂已醇的作用就在于已醇可以增强煤表面的疏水性,从而增强煤油的吸附作用。

2)络合试剂混合物的浮选效果

为了浮选含钛矿石,过去曾实验了一系列与钛离子可以生成难溶性络合物的有机试剂,发现用“铜铁试剂”为捕收剂在弱酸性介质中可以产生捕收作用。在有起泡剂存在的情况下,“铜铁试剂”可以浮选钦磁铁矿、钛铁矿,但浮选速度慢,较粗的颗粒不易捕收,则仍然停留在尾矿里。为了增强“铜铁试剂”的捕收能力,又加入了煤油及脂肪酸皂,在有草酸存在时,pH 值为 6 左右,浮选效果很好。

用羟肟酸作为捕收剂浮选黑钨矿时,添加非极性矿物油可以使脂肪酸用量大为降低,并且使精矿品位和回收率都有提高。

3)无机调整剂或抑制剂的混合使用

一种铝盐(硝酸铝或硫酸铝)与水玻璃及碱的混合剂可作为石灰石的有效抑制剂。这种混合物还可以作为黏土、石英、石髓、针铁矿及褐铁矿的有效抑制剂。

用水玻璃加硫酸铝(比例为 3:1或 2:1)药剂可以分选萤石及方解石,并且分选比较完全。使用时,在矿浆中先加水玻璃,再加硫酸铝。

用苛性钠与碳酸钠的混合物为调整剂从硫化矿中浮选金矿,也获得良好效果。用硫化钠与硫化钾的混合药剂作为白铅矿的硫化剂,同样也获得良好效果。

4)含高分子絮凝剂的混合药剂

某些混合絮凝剂也比单独使用一种时效果好。用褐铁矿(20 mm)为实验对象,研究了淀粉、聚丙烯酰胺、聚 5-甲基-2-乙烯吡啶衍生物、石灰及氯化钙单独使用或混合使用的效果。

在工艺实践上,由于混合药剂的使用,已经给浮选工业带来很多好处,在我国已经有不少的选矿厂采用了这种方法,增强了捕收力,改善了选择性,减少了药剂用量,降低了浮选成本。

查一查:查阅混合药剂应用的相关文献和资料,找出选矿厂或者实验研究的药剂组合的应用实例,写在下方方框内并分享给大家。

案例分享

实践链接一:选矿厂实际生产小知识

选矿厂浮选车间实际生产控制浮选药剂的用量的方法

浮选药剂是调节矿物可浮性的主要因素。用量不足,达不到调节的目的,矿物难以选分;用量过多,也会起到反作用,不但降低精矿质量,失去选择性,而且造成浪费。事实上,浮选中只需加入少量捕收剂就可以使矿物表面形成疏水性薄膜,同样抑制、活化某一矿物的药剂用量也是很少的,因此在实际使用中应特别强调"适量"和"选择性"。

对于不同的矿石,由于性质不同,药剂用量的波动范围也是很大的。即使属于同一类型的矿石,也因矿床形成的具体条件有差别,有用矿物及脉石含量的不同,其药剂用量也不尽相同,捕收剂用量为 20~1 500 g/t。一般来说,黄药类捕收剂用量较少,每吨矿用几十克到一百克以上,脂肪酸类捕收剂用量较大,每吨矿用几百克到 1 kg 以上;起泡剂用量为 20~2 000 g/t;活化剂用量为 200~1 000 g/t;抑制剂用量为 100~200 g/t;介质调整剂用量为 500~3 000 g/t。选分具体矿石时,应根据实验结果选取较窄的用量范围。实际使用时,只要矿石的物质成分保持不变,就不应任意改变药剂的用量。

实践链接二:选矿厂案例分享

某铅锌矿选矿厂简介

矿石性质:矿石中金属矿物以黄铁矿、方铅矿、闪锌矿为主,其次是黄铜矿和含银矿,非金属矿物以方解石、白云石为主,最后是石英、透闪石等。金属矿物互相包裹,紧密共生,与脉石关系不甚复杂。浸染粒度为中细粒度,嵌布不均匀。

由原矿性质可以看出,该矿石中有用矿物的嵌布粒度相对较粗;铅、锌、铜的品位较低,氧化程度轻微;有用矿物主要是以硫化矿的形式赋存于矿物中。脉石矿物主要是硅酸盐矿物。另外,该矿石中含有一定数量的银,应综合回收。

工艺流程基本情况与特点如下所述:

(1)破碎:采用三段一闭路流程。给矿最大粒度为 500 mm,碎矿产品粒度为 12 mm。

(2)磨矿:两段闭路磨矿,其细度-200 目的为 70%~75%,并有粗精矿再磨,即铜铅混合精矿及锌硫混合精矿再磨,其细度-200 目的为 90%~95%。

(3)浮选:铜铅混合浮选、锌硫混合浮选,然后铜铅分离得铜、铅精矿,锌硫分离得锌、硫精矿。

该流程的主要特点:一是无氰浮选工艺;二是铜铅分离采用亚硫酸-重铬酸钠-加温法来抑铅浮铜。铜铅混合浮选时,采用石灰-硫酸锌来抑制锌硫,用亚硫酸活化硫化铜。锌硫分离采用石灰抑硫浮锌。其浮选工艺流程分别如图 2-15 和图 2-16 所示。

锌硫混合浮选作业和锌硫分离作业加入硫酸铜对锌硫进行活化,锌硫混合浮选时用碳酸钠调整矿浆 pH 值,锌硫分离时用石灰抑制黄铁矿。锌硫混合浮选作业的粗选过程保持矿浆的 pH 值为 8~9,为弱碱性环境,有利于黄铁矿的浮选。锌硫分离作业的粗选过程调整矿浆的 pH 值为 11~12,可以抑制黄铁矿而达到锌硫分离的效果。锌硫分离作业的第三次精选加入活性炭,一方面可以脱除锌精矿中残留的药剂;另一方面有可能吸附锌精矿泡沫中的贵金属(如 Ag),以达到有用元素的综合回收的目的。某铅锌矿选矿厂生产指标见表 2-21。

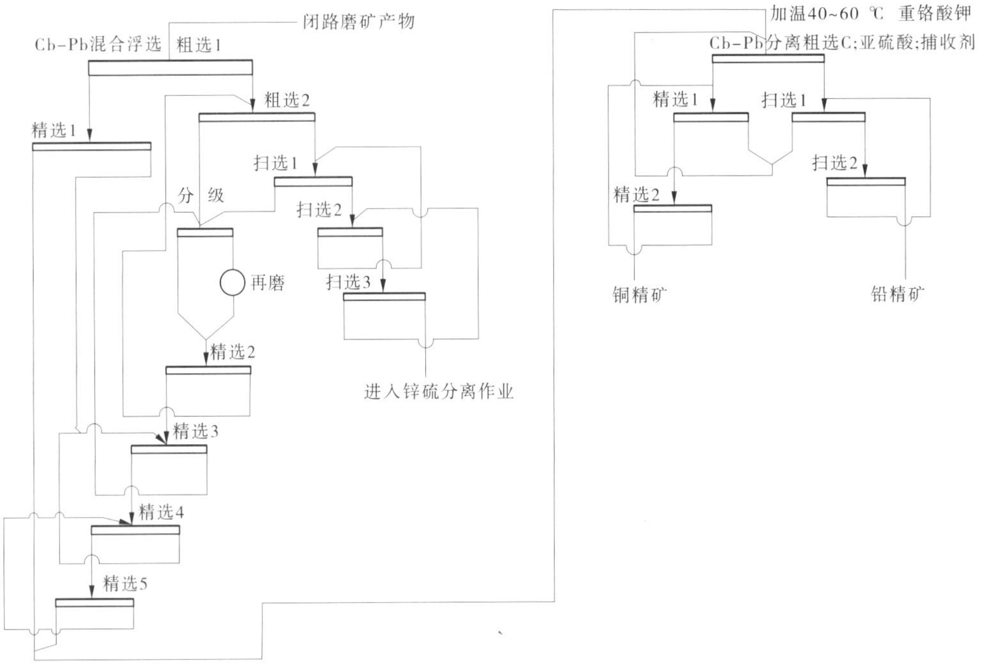

图 2-15 铜铅混合浮选-铜铅分离流程

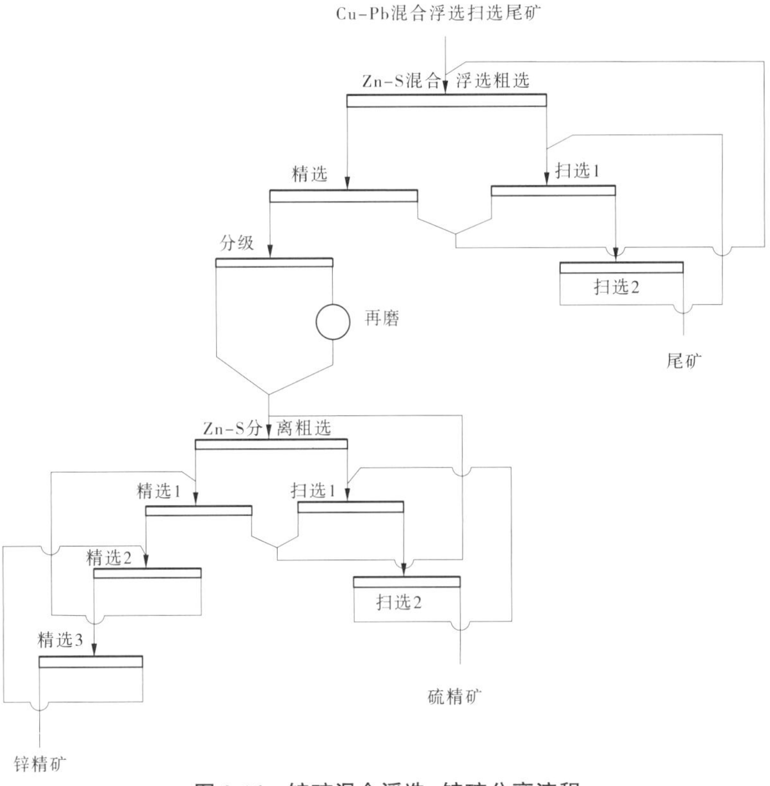

图 2-16 锌硫混合浮选-锌硫分离流程

表 2-21 某铅锌矿选矿厂生产指标

原矿	含 Pb 1.562%,含 Zn 1.984%,含 Cu 0.195%,含 S 11.29%
铜精矿	含 Cu 12.287%,Cu 的回收率为 49.91%
铅精矿	含 Pb 55.775%,Pb 的回收率为 83.54%
锌精矿	含 Zn 46.58%,Zn 的回收率为 82.48%
硫精矿	含 S 39.744%,S 的回收率为 58.52%

该选矿厂采用铜铅混合浮选-铜铅分离流程对磨矿产物进行分选,分选后得到铜精矿和铅精矿。选别尾矿进入锌硫混合浮选-锌硫分离作业,经过相应的选别流程得到了锌精矿和硫精矿。

(二)浮选药剂——捕收剂(混合用药)用量对浮选的影响实验操作

1. 任务目标

(1)通过捕收剂(混合用药)不同用量的浮选实验,确定适宜的捕收剂(混合用药)用量,注意观察捕收剂(混合用药)不同用量的浮选现象。

(2)掌握实验室浮选实验的各项操作技术。

(3)学会根据实验结果分析影响浮选过程的因素。

2. 实验原理

捕收剂的主要作用是使目的矿物表面疏水,增加可浮性,使其易于向气泡附着,从而达到目的矿物与脉石矿物分离的目的。金属硫化矿使用黄药、黑药类及混合药剂捕收剂对其进行捕收浮选,调整剂为石灰、硫化钠等。

混合用药的良好效果与矿物表面的不均匀性及各种药剂之间的相互作用有关。矿物表面性质不均匀,氧化程度不一,对不同的捕收剂可能存在不同的活化区,因而混合用药可能增加矿物表面捕收剂的覆盖密度,从而改善浮选效果,而各种捕收剂之间的相互作用所产生的共吸附,也可增加药剂的捕收能力,提高浮选指标。

3. 试料

含金硫化矿,粒度 0~3 mm,每份 0.5 kg。

4. 仪器、设备和用具

捕收剂(混合用药)用量实验所需的物料、仪器和用具如表 2-22 所示。

表 2-22 捕收剂(混合用药)用量实验所需的物料、仪器和用具

序号	名称	序号	名称
1	球磨机	5	烘箱
2	浮选机	6	浮选药剂与矿样
3	制样铲、毛刷、试样袋、分样刀、分样布、研体等制样工具	7	量筒、烧杯、容量瓶、玻璃棒、移液管等玻璃仪器若干
4	台秤、秒表、滤纸、注射器	8	中号搪瓷盘若干,大盆若干

5. 实验流程及操作条件

实验流程及操作条件如图 2-17 所示。

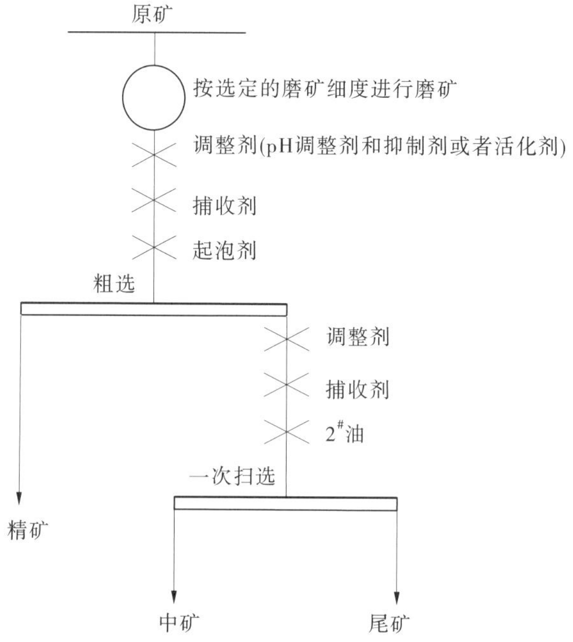

图 2-17　捕收剂(混合用药)用量实验流程及操作条件

6. 实验步骤

(1)检查、清理、清洗实验设备、用具。

(2)取代表性试料 3 份,每份 500 g,粒度 0~3 mm。按本项目任务二中磨矿细度对浮选的影响实验操作结果最终选定的磨矿条件进行磨矿,磨矿浓度为 50%。磨矿产物(矿浆)按图 2-17 所示流程进行浮选,比较其结果。

(3)药剂的配制、添加。水溶性药剂,可配制成浓度 1%水溶液,用量筒添加。非水溶性药剂如松油,用医用注射器添加。药剂添加的溶液体积按下式计算:

$$V=\frac{qQ}{1\ 000M}$$

式中　V——药剂溶液添加体积,mL;

q——药剂用量,g/t;

Q——实验矿石质量,kg;

M——浓度(%)。

浮选药剂的添加量:捕收剂(黄药:黑药)探究性实验药剂(黄药为定量,改变黑药用量)用量:50 g/t:60 g/t、50 g/t:70 g/t、50 g/t:80 g/t 等[根据实验结果曲线补充捕收剂(混合用药)用量,直到找到最优捕收剂(混合用药)药剂用量]。平行对比实验药剂(黑药为定量,改变黄药用量)用量:50 g/t:60 g/t、50 g/t:70 g/t、50 g/t:80 g/t 等[根据实验结果曲线补充捕收剂(混合用药)用量,直至找到最优捕收剂(混合用药)药剂用量]。根据选择的磨矿细度进行磨矿，根据本项目任务三中 pH 值对浮选的影响实验操作实验结果确定的最优 pH 值，调整矿浆 pH 值，抑制剂用量根据本项目任务四中抑制剂对浮选的影响实验操作实验结果已经确定，根据确定的最优抑制剂用量进行添加，再加入起泡剂 $2^{\#}$油，扫选实验药剂量减半，并将计算结果填在计算表 2-23 中。

表 2-23 浮选药剂用量记录

药剂用量/(g/t)	药剂添加的溶液体积(浓度 1%)

(4)将浮选机冲洗干净，启动浮选机，关闭进气阀，把磨矿产物(矿浆)加入浮选槽内，按图 2-17 所示流程及操作条件，分别进行搅拌、调浆、浮选。

(5)浮选完毕后，将产品收集、过滤、烘干、称重、记录，将产品缩分、制备为分析样。

(6)实验完毕后，清洗、整理设备，清扫实验场地。

(7)将实验原始记录填入表 2-24 内。

表 2-24 实验原始数据记录

实验编号	产品名称	质量/g	产率/%	品位/%	$\gamma\beta$	回收率/%	实验条件
1	精矿						
	中矿						
	尾矿						
	原矿						
2	精矿						
	中矿						
	尾矿						
	原矿						
3	精矿						
	中矿						
	尾矿						
	原矿						

注：根据不同的实验结果以及实验次数增加表格。

7. 编写实验报告

(1)计算实验结果，并将结果填入表 2-24 内。

(2)根据实验结果进行分析，选定适宜的混合用药的用量条件。

三、任务评价

每个实训项目中的任务会以竞赛的形式进行评分,“理论实践要知道”任务各组分别出题互考互评,“捕收剂(混合用药)用量对浮选的影响实验操作”任务分组拍摄操作视频,并将视频上传至网络教学平台,待大家实操结束后,分组相互观看视频,查漏补缺,扬长避短,相互评分,评出“本组之星”并完成组间互评,将评分填入任务考核评价表(见表 2-25)中。

表 2-25　任务考核评价表

被考人			考评时间			
考评内容		捕收剂(混合药剂)用量对浮选的影响实验				
考评指标		考评标准	分值	自我评价	组间互评	实际得分
专业知识技能掌握	理论实践要知道	掌握	10			
	捕收剂(混合药剂)用量对浮选的影响实验操作的正确性	掌握	10			
	药剂配置的准确性	掌握	10			
	数据计算准确性	掌握	10			
	实训报告的完整性	掌握	10			
素质培养	出勤	按时到岗,学习准备就绪	10			
	道德自律	自觉遵守纪律,有责任心和荣誉感	10			
	学习态度	积极主动,不怕困难,勇于探索	10			
	团队分工合作	能融入集体,愿意接受任务并积极完成	10			
	好习惯养成	将实验器材分类、归位,并打扫卫生	10			
合计			100			
本组之星						两项评选活动是为了激励学生的学习积极性
最佳小组						
填表说明		1. 实际得分=自我评价(40%)+组间互评(60%)。 2. 考评满分为 100 分,60 分以下为不及格,60~69 分为及格,70~79 分为中等,80~89 分为良好,90~100 分为优秀。 3. “本组之星”可以是本次实训活动中突出贡献者,也可以是进步最大者,同样可以是其他某一方面表现突出者。 4. “组间互评”由评审团讨论后为各组给予的最终评价。评审团由各组组长组成,当各组完成实训活动后,各组组长先组织本组内部进行商议,然后各组组长将意见带至评审团,评价各组整体工作情况,将各组互评分数填入其中,“最佳小组”是实际得分最高者				

四、任务拓展

常见含金矿石的浮选方法

(一)含金铜硫化矿石的浮选方法

含金铜硫化矿石较多,自然金大部分呈细粒赋存于黄铜矿、黄铁矿中,常采用优先或混合浮选工艺流程,在分离时,加入石灰来抑制黄铁矿,浮选硫化铜矿物,得到合格的含金铜精矿和硫精矿。

(二)含金铜铅锌硫化矿石的浮选方法

含金铜铅锌硫化矿石,一般采用铜铅部分混合浮选工艺,再将铜铅混合精矿进行分离,得到铜、铅精矿,金常富集在铜精矿中。有的铜铅混合精矿,由于铜、铅硫化矿物可浮性相近,共生关系比较复杂,难以浮选分离,得不到合格的含金铜、铅精矿。可将含金铜铅混合精矿,采用碳酸化转化-浮选法提金,使铜铅得到分离,综合回收金、银等贵重金属。

(三)含金铜铁矿石的浮选方法

含金铜铁矿石,主要矿物是黄铜矿及磁铁矿,而自然金呈微细粒赋存于黄铜矿中,可用浮选-磁选联合工艺流程来进行处理,分别得到含金铜精矿和铁精矿等两种产品。

拓展小知识

黑药与黄药的相同点和差异点

对比选项		黄药	黑药
相同点	烃基 R	$C_2 \sim C_5$	C_2, $CH_3C_6H_4$, C_4
	键合原子	$—S^-$	$—S^-$
差异点	中心核	4 价 C	5 价 P
	捕收能力	较强	较弱
	选择性	较黑药差	较好
	化学稳定性	较黑药差	较稳定

项目巩固

实际回收率和理论回收率的区别与计算。

选矿实际回收率是指精矿中的金属(有用组分)的数量与原矿中金属(有用组分)的数量的百分比。这是一项重要的选矿指标,它反映了选矿过程中金属的回收程度、选矿技术水平及选矿工作质量。选矿过程要在保证精矿品位的前提下,尽量提高选矿回收率。

其计算方法如下：

$$\text{实际回收率}=\frac{\text{实际的精矿数量(t)}\times\text{精矿品位}}{\text{原矿处理量(t)}\times\text{原矿品位}}\times 100\%$$

［**巩固练习题** 2-1］　如某硫化铜矿，原矿中铜品位为 0.9%，精矿中铜品位为 18.0%，如果每天处理原矿石质量为 400 t，获得精矿质量为 15 t，则实际回收率为多少？

在生产过程中，每个生产班都需要取样化验原矿品位 α、精矿品位 β 和尾矿品位 ϑ。这时理论回收率可由下式计算得出：

$$\text{理论回收率}=\frac{\beta(\alpha-\vartheta)}{\alpha(\beta-\vartheta)}\times 100\%$$

［**巩固练习题** 2-2］　如某硫化铜矿，原矿中铜品位为 0.9%，精矿中铜品位为 18.0%，尾矿中铜品位为 0.22%，如果每天处理原矿石质量为 400 t，获得精矿质量为 15 t，则理论回收率为多少？

选矿技术监督部门一般通过实际回收率的计算，编制实际金属平衡表。通过理论回收率的计算，编制理论金属平衡表。对两者进行对比分析，能够揭露出选矿过程的机械损失，查明选矿工作中的不正常情况及在取样、计量、分析与测量过程中的误差。通常，理论回收率都高于实际回收率，但两者不能相差太大，在单一金属浮选厂一般流失不允许超过 1%。如果超过了该数字，说明选矿过程中金属流失严重。

项目三 浮选药剂性能实验

项目导读

在浮游选矿过程中,为有效地分选有用矿物与脉石矿物,或分离各种不同的有用矿物,常需添加某些药剂,以改变矿物表面的物理化学性质及介质的性质,这些药剂统称浮选药剂。浮选药剂按其主要用途可分为三大类:捕收剂、起泡剂和调整剂。除以上几大类外,还有分散剂、絮凝剂、消泡剂、脱药剂等。浮选药剂性能对于矿物的分选效果影响非常大,例如起泡剂的溶解性能。起泡剂应有适当的溶解度。起泡剂的溶解度,对起泡性能及形成气泡的特性有很大的影响,如溶解度很高,则耗药量大,或迅速发生大量泡沫,但不能耐久;如溶解度过低,起泡剂来不及溶解,随泡沫流失,或起泡速度缓慢,延续时间较长,难以控制。

本项目主要对浮选最主要的两种药剂捕收剂和起泡剂的主要性能进行实验研究,让学生掌握浮选药剂性能的测定方法,理解不同药剂对相应矿物的不同作用。

项目目标

知识目标

1. 掌握浮选实验的基本原理。
2. 掌握测定浮选药剂性能的方法。
3. 通过理论知识和实践操作的对比,深入理解不同浮选药剂的药剂性能。
4. 掌握阴离子捕收剂及阳离子捕收剂对不同矿物的捕收作用。

能力目标

1. 提高应用所学的基本知识来解决实验中实际问题的能力。
2. 培养独立思考、认真负责、对实验结果进行处理与分析的能力。
3. 熟练掌握选矿实验技术与方法,能够熟练操作选矿实验仪器与设备。
4. 培养自设计实验,对实验操作进行优化,对实验内容进行创新探索的能力。
5. 培养精益求精、独具匠心的选矿工匠精神。

项目概览

- 浮选药剂性能实验
  - 任务一：起泡剂性能测定
    - 理论实践要知道
      - 理论链接：起泡剂种类
      - 实践链接一：选矿厂实际生产小知识
        - 矿化泡沫的虚与实
        - 矿化气泡的大小、颜色与光泽
      - 实践链接二：选矿厂案例分享
        - 某矿业有限公司选矿工艺
    - 起泡剂性能测定实验操作
    - 任务评价
      - 本组之星
      - 最佳小组
    - 任务拓展
      - 点石成金的方法：混汞法
      - 拓展小知识：三相矿化泡沫
  - 任务二：捕收剂捕收性能实验
    - 理论实践要知道
      - 理论链接：浮选药剂
      - 实践链接一：选矿厂实际生产小知识
        - 浮选药剂的配置
      - 实践链接二：选矿厂案例分享
        - 氰化尾渣多元素浮选工艺
    - 捕收剂捕放性能实验操作
    - 任务评价
      - 本组之星
      - 最佳小组
    - 任务拓展
      - 点石成金的方法：金矿氰化浸出法
      - 拓展小知识：黄金的用途
  - 浮选药剂是在矿物浮选过程中使用的,能够调整矿物表面性质,提高或降低矿物可浮性,使矿浆性质和泡沫稳定性更有利于矿物分选的化学制剂。

任务一　起泡剂性能测定

一、任务描述

起泡剂是指能降低水的表面张力形成泡沫，使充气浮选矿浆中的空气泡能附着于选择性上浮的矿物颗粒上的一类表面活性剂。大多数是由极性基和非极性基组成的异极性分子表面活性物质；分子一端是极性基，另一端是非极性基。起泡剂的极性基亲水，非极性基亲空气。在水气界面定向排列，降低水的表面张力，故有起泡作用。起泡剂又有非离子型化合物和离子型化合物之分，其中非离子型化活性起泡剂的品种、作用、效果都占优势。非离子型起泡剂一般不具有捕收性，而离子型起泡剂往往兼具捕收性。本任务的要求是通过“理论实践要知道”的学习，拓宽自己的理论知识和实践知识领域，并对3种起泡剂产品戊醇、辛醇及2#油进行起泡性实验研究。

二、任务实施

（一）理论实践要知道

理论链接：起泡剂种类

起泡剂多为异极性的表面活性物质，微溶于水，成分比较稳定，常用的有以下几种：

（1）2#浮选油（2#油）：起泡性较强，能产生大量且均匀的、黏度适当的泡沫。其为深黄色油状液体，有松木香味，是松脂用水蒸气蒸得的松节油，加硫酸及酒精进行水合作用所得的产品。

（2）桉树油：是桉树叶的蒸馏产品，主要成分为桉叶醇 $C_{10}H_{18}O$，它的起泡能力不如松油，泡沫性脆，选择性较好。

（3）樟脑油：是樟树的枝叶及根经过蒸馏得到的原油，在提取樟脑后残余油分的总称。其分为白色油、红色油及蓝色油3种：白色油可代替松油使用，选择性较好；红色油生成的泡沫较黏；蓝色油兼有起泡及捕收能力，选择较差。

（4）甲酚酸：是炼焦工业副产品。甲酚酸起泡能力较松油弱，泡沫性脆，选择性较好。

（5）高级醇类：为化学石油工业副产品，起泡性一般，选择性良好。

（6）合成起泡剂：该合成剂中的4#浮选油，起泡性较松油强2倍多，选择性良好。同时具有易溶、易洗落、不受pH值及水的硬度影响等特点。

实践链接一：选矿厂实际生产小知识

1. 选矿车间实际生产矿化泡沫的虚与实反映了什么？

浮选厂操作工常把泡沫的虚（也称为空）与实（也称为结）作为矿化程度的反映因素。气泡表面附着的矿粒多而密，称为“实”；气泡表面附着的矿粒少而稀，称为“虚”。浮选工总是希望粗选槽内的矿化泡沫要“实”，扫选尾部槽的矿化泡沫要“虚”（表面有用矿物极少，表现为仅附着一层矿泥而显得较透明的空泡）。

对同一作业点来说，泡沫“虚”“实”的变化，也反映浮选情况的变化。如果原矿品位高，药剂用量适当，粗选头部的泡沫将是正常的“实”；如果抑制剂过量，而捕收剂过少，泡沫就会变“虚”。在有些矿物的浮选中，捕收剂、活化剂用量过多，抑制剂用量过少时，就会发生泡沫过于“实”的所谓的“结板”现象，这对浮选是不利的。

2. 矿化泡沫中气泡的大小与泡沫矿化的程度有什么关系？

泡沫中气泡的大小是浮选重要的表观特征之一。在生产现场中，浮选工凭经验调整，选择适当的气泡尺寸，可以得到满意的矿化泡沫。不同的矿石、不同的浮选作业，泡沫气泡的大小各不相同。在一般硫化矿的浮选中，直径为 8~10 cm 以上的气泡可看作大泡，直径为 3~5 cm 的气泡可看作中泡，直径为 1~2 cm 及其以下的气泡可看作小泡。

气泡的大小与气泡的矿化程度有关。气泡矿化良好时，气泡大小中等，故粗选区和精选区常见中泡；气泡矿化较差时，容易兼并成大泡；气泡矿化过度时，会阻碍矿化气泡兼并，形成不正常的小泡；气泡矿化极差时，小泡虽然不断兼并形成大泡，但它经不起矿浆面波动等破坏因素的影响，容易破灭，所以扫选的尾部常见小泡。

浮选药剂是调整泡沫气泡尺寸的主要因素。一般情况下，起泡剂用量越多，气泡越小；石灰用量越多，气泡越大；抑制剂用量越多，气泡越小。

3. 如何根据泡沫的颜色和光泽判断泡沫产品质量的好坏？

泡沫颜色是浮选的一个明显外观特征。浮选工可以根据各作业、区域泡沫颜色的变化，判断浮选是否正常进行和泡沫产品质量的好坏。

泡沫产品的颜色是由泡沫表面黏附的矿物的颜色决定的。在泡沫中，辉铜矿呈铅灰色；黄铜矿呈金黄带绿色；孔雀石呈暗绿带黑色；方铅矿呈铅灰色，泡沫空虚时铅灰中略带黝黑；闪锌矿呈淡褐黄色；赤铁矿呈砖红色。

扫选尾部泡沫常为白色水膜的颜色。若扫选区泡沫颜色变深，呈现有用矿物的颜色，那就说明尾矿中金属的损失会增多。在精选区，浮游矿物的颜色越深，则精矿质量越好。

泡沫的光泽也是由附着的矿物的光泽和水膜的光泽决定的。硫化矿物往往呈现较强的金属光泽，氧化矿物多呈现半金属光泽或土状光泽。扫选区泡沫矿化差，呈现水膜的玻璃光泽，如果扫选泡沫出现半金属光泽，则说明金属损失大。

浮游的矿粒粗，泡沫表面粗糙，光泽弱，给人以皱纹感。浮游矿粒细，泡沫表面光滑。

实践链接二：选矿厂案例分享

某矿业有限公司选矿工艺简介

某矿业有限公司，交通便利。其选矿厂的破碎工艺流程为：原矿由运输车输送至原矿仓，给到 C80 颚式破碎机进行粗碎，粗碎产品经 1# 皮带运输机运送至振动筛进行筛分作业，下层筛筛下产品作为最终破碎产品进入粉矿仓，上层筛筛上产品经 2#皮带运输至细碎缓冲仓，而后由皮带给到 GP11 圆锥破碎机进行细碎，细碎产品经 1#皮带运输机返回筛分作业，从而构成“二段一闭”路破碎流程。

磨矿分级工艺流程为两段磨矿闭路系统，一段磨矿分级为 2 台 MQG-2736 湿式格子型球磨机、MQG-2430 湿式格子型球磨机和 2 台 2400 分级机成的闭路磨矿系统，分级机溢流进入渣浆泵，由渣浆泵送入 FX250 旋流器。二段磨矿分级为 FX250 旋流器底流进入 MQY-2445 球磨机，排矿进入中矿箱后返回 FX250 旋流器。FX250 旋流器溢流进入浮选系统。

浮选工艺由 1 次粗选、4 次精选、5 次扫选组成，二段磨矿 FX250 溢流经搅拌桶加药调浆流入粗选阶段，由 3 台 XCF 8 m^3 浮选机组成；精矿进入精矿箱，精矿自流进入精选系统，尾矿流入扫选阶段。扫选阶段分为 5 段，尾矿依次自流向下阶段进行浮选，扫 5 尾矿进入尾矿箱由泵送至尾矿坝。粗选阶段由 3 台 8 m^3 浮选机组成；扫 1 阶段由 3 台 8 m^3 浮选机组成；扫 2 阶段由 4 台 8 m^3 浮选机组成；扫 3 阶段由 4 台 8 m^3 浮选机组成；扫 4 阶段由 4 台 8 m^3 浮选机组成，扫 5 阶段由 4 台 8 m^3 浮选机组成。扫 1 精矿进入粗选；扫 2 精矿进入扫 1，扫 3 精矿进入扫 2，扫 4 精矿进入扫 3，扫 5 精矿进入扫 4。精选浮选是由 7 台 SF 4 m^3 浮选机组成。粗选精矿进入精选，精 1 精矿进入精 2 浮选，精 2 精矿进入精 3 浮选，精 3 精矿进入精 4 浮选，精 4 精矿经泵送至浓密机，经陶瓷过滤产出产品精粉。精选尾矿进入粗选。其工艺流程如图 3-1 所示。

(二)起泡剂性能测定实验操作

1. 目的要求

(1)掌握测定起泡剂性能的方法。

(2)比较几种起泡剂的性能。

2. 原理

起泡剂具有显著降低水溶液的表面张力的能力，所以往水中加入少量的起泡剂就可以大大地改善空气在水中的分散性，增加气泡的数目、气泡的强度和泡沫的稳定性。气泡的强度和泡沫的稳定性取决于起泡剂本身的性能和它在水溶液中的浓度。因此，测定泡沫的体积(泡沫柱的高度)和泡沫的稳定性(泡沫的寿命)，可以比较各种起泡剂的起泡能力。

3. 仪器和药剂

起泡剂性能测定实验所需的仪器和试剂如表 3-1 所示。

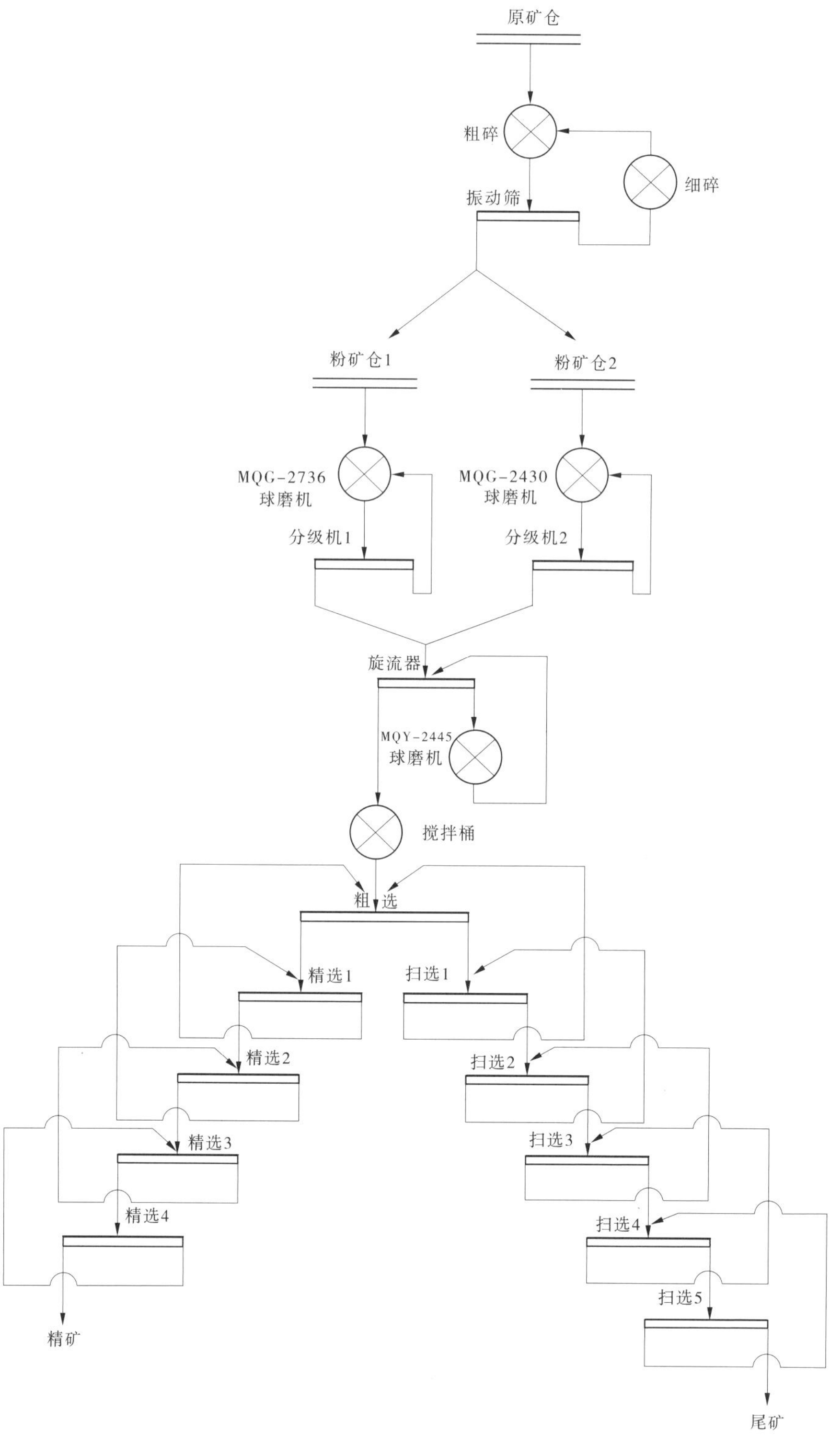

图 3-1　某选矿厂选矿工艺流程

表 3-1　实验所需仪器和试剂

序号	名称
1	起泡剂性能测定仪 1 套
2	秒表 1 块
3	500 mL 烧杯 9 个
4	500 mL 量筒 1 个
5	100 mL 量筒 1 个
6	注射器(带针头)3 支
7	搅拌棒(带有橡皮套)3 支
8	洗瓶 1 个
9	起泡剂:戊醇、辛醇、2#油各 1 瓶

起泡剂性能测定装置如图 3-2 所示。

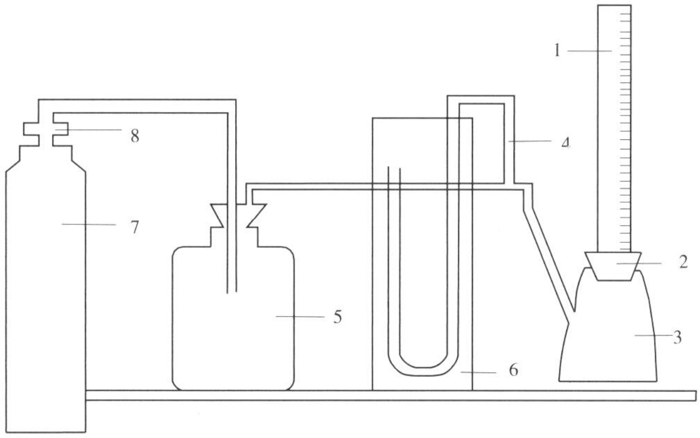

1—泡沫管;2—胶塞管;3—吸滤瓶;4—三通管;5—缓冲瓶;6—压力计;7—氮气瓶;8—压力表。

图 3-2　起泡剂性能测定装置

4. 实验步骤

1)清洗容器

将实验用泡沫管,先用洗液洗净,再用自来水冲洗干净,塑料烧杯、玻璃棒用自来水冲洗干净。

2)配制试剂

取 3 个烧杯(500 mL)为一组,每组分别滴入 1、2、3 滴戊醇、辛醇、2#油(用带针头注射器垂直滴入,戊醇用 6#针头,每滴重 6.08 mg;辛醇用 6#针头,每滴重 6.9 mg;2#油用 9#针头,每滴重 8.77 mg),再分别加入 300 mL 自来水。

3)给入氮气

将氮气瓶阀门打开,适当控制压力,使流量在一定范围内(600~800 mL/min),氮气流入缓冲瓶,通过缓冲瓶进入吸滤瓶,并经过泡沫管底部的石英隔板(滤板)与大气相通。

4)空白实验

取自来水 100 mL(每 100 mL 加入 0 滴起泡剂),给入氮气的同时将水倒入泡沫管,记下未形成泡沫层时的液面高度,当再平缓给入氮气、泡沫不再上升时,泡沫管内开始形成泡沫柱。当泡沫柱稳定后,记下此时的泡沫柱高度(高度差即为泡沫的高度)。在泡沫柱刚要下降时,停止给气,并同时按秒表,直到泡沫柱消失出现净水面,此时间即为泡沫寿命(泡沫稳定性值)。将泡沫柱高度、泡沫寿命和氮气压力分别记入表 3-2 中。实验再重复一次,取其平均值。

表 3-2 起泡剂性能实验结果

药剂名称	溶液浓度/(滴/300 mL)	氮气压力/mmHg	泡沫柱高度		泡沫寿命	
			个别	平均	个别	平均
清水						
戊醇	1					
	2					
	3					
辛醇	1					
	2					
	3					
2#油	1					
	2					
	3					

每次做完实验后,要把泡沫管内的溶液倒出,并用自来水冲洗,吸滤瓶内的水也应倒出。

5)对比实验

按实验步骤 4)分别测定 1 滴/300 mL、2 滴/300 mL、3 滴/300 mL 浓度的戊醇、辛醇、2#油的泡沫高度及泡沫寿命(每种浓度测 2 次取平均值)。更换另一种气泡剂时,除把泡沫管内溶液倒出外,还要用洗液洗净,然后用自来水冲洗干净再用。

5. 数据处理

以溶液浓度为横坐标(将浓度换算成 mg/L),以泡沫寿命为纵坐标,将上述结果分别绘制成曲线。分析各种起泡剂的起泡能力,并对结果进行讨论。

6. 思考题

(1)起泡剂在浮选过程中的主要作用是什么?

(2)起泡剂的起泡性能主要包括哪些部分?

三、任务评价

每个实训项目中的任务会以竞赛的形式进行评分,"理论实践要知道"任务各组分别出题互考互评,"起泡剂性能测定实验操作"任务分组拍摄操作视频,并将视频上传至网络教学平台,待大家实操结束后,分组相互观看视频,查漏补缺,扬长避短,相互评分,评出"本组之星",完成组间互评并评出"最佳小组",将评分填入任务考核评价表(见表 3-3)中。

表 3-3　任务考核评价表

被考人			考评时间			
考评内容		起泡剂性能测定实验				
考评指标		考评标准	分值	自我评价	组间互评	实际得分
专业知识技能掌握	药剂配置的准确性	掌握	10			
	小型浮选机的正确使用	掌握	10			
	磁力搅拌器的正确使用	掌握	10			
	数据计算的准确性	掌握	10			
	实训报告的完整性	掌握	10			
素质培养	出勤	按时到岗,学习准备就绪	10			
	道德自律	自觉遵守纪律,有责任心和荣誉感	10			
	学习态度	积极主动,不怕困难,勇于探索	10			
	团队分工合作	能融入集体,愿意接受任务并积极完成	10			
	好习惯养成	将实验器材分类、归位,并打扫卫生	10			
合计			100			
本组之星						两项评选活动是为了激励学生的学习积极性
最佳小组						
填表说明		1. 实际得分=自我评价(40%)+组间互评(60%)。 2. 考评满分为100分,60分以下为不及格,60~69分为及格,70~79分为中等,80~89分为良好,90~100分为优秀。 3. “本组之星”可以是本次实训活动中突出贡献者,也可以是进步最大者,同样可以是其他某一方面表现突出者。 4. “组间互评”由评审团讨论后为各组给予的最终评价。评审团由各组组长组成,当各组完成实训活动后,各组组长先组织本组内部进行商议,然后各组组长将意见带至评审团,评价各组整体工作情况,将各组互评分数填入其中,“最佳小组”是实际得分最高者				

四、任务拓展

点石成金的方法:混汞法

在矿浆中,金粒被汞选择性地润湿,从而形成汞剂(或称汞膏),汞剂中含有 $AuHg_2$、

Au_2Hg、Au_3Hg。使其与其他金属矿物和脉石相分离，这种选金方法称为混汞法。

混汞法提金是基于矿浆中的单体金粒表面和其他矿粒表面被汞润湿性的差异，金粒表面亲汞疏水，其他矿粒表面疏汞亲水，金粒表面被汞润湿后，汞继续向金粒内部扩散生成金汞合金，从而汞能捕捉金粒，使金粒与其他矿物及脉石分离。混汞后刮取工业汞膏，经洗涤、压滤和蒸汞等作业，使汞挥发而获得海绵金，海绵金经熔铸得金锭。蒸汞时挥发的汞蒸气经冷凝回收后，可返回混汞作业使用。

游离金的混汞浮选流程如图 3-3 所示。

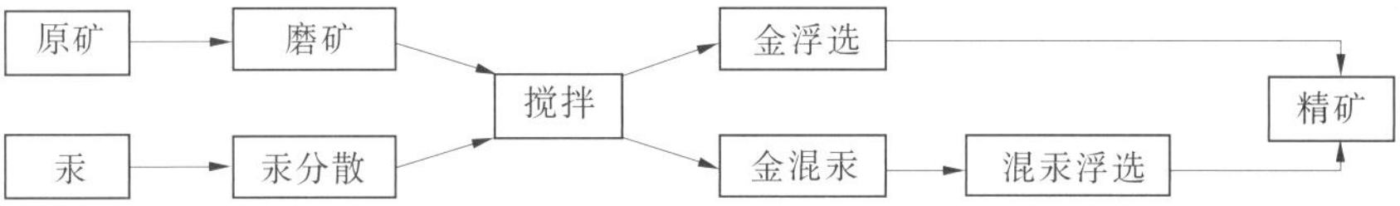

图 3-3 混汞浮选流程

混汞法提金工艺过程简单，操作容易，成本低廉。但由于汞的毒性给操作人员和环境带来危害，从而影响了混汞法的应用。因此，该法的应用目前已受到严格限制。

拓展小知识

三相矿化泡沫

由气、液、固三相组成，如固相为矿物，就是浮选矿化泡沫。

三相泡沫比较稳定，这是由于：

(1)矿粒附着于气泡表面，成为防止气泡兼并及阻止水膜流失的障碍。

(2)矿粒表面吸附的捕收剂与起泡剂分子相互作用，它们在气泡表面像编织成的篱笆一样，因此增加了气泡壁的机械强度。

在浮选泡沫中，凡矿粒的疏水性愈强，捕收剂相互作用愈强，矿粒愈细(表面能大)，矿泥罩盖于气泡表面愈密，则泡沫愈稳定。

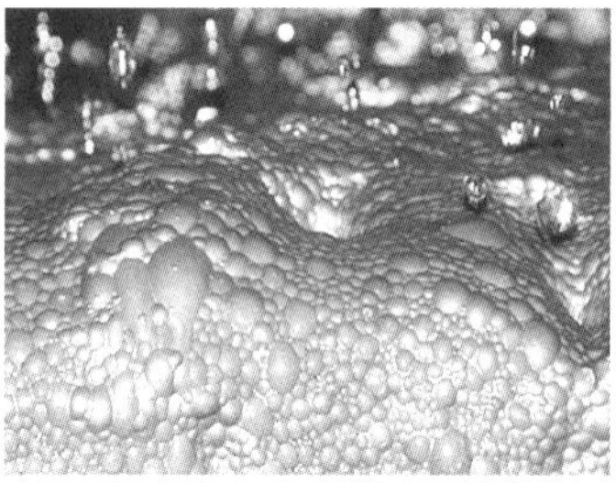

矿化泡沫

任务二 捕收剂捕收性能实验

一、任务描述

捕收剂，是改变矿物表面疏水性，使浮游的矿粒黏附于气泡上的浮选药剂，是最重要的一类浮选药剂。它具有两种最基本的性能：①能选择性地吸附在矿物的表面；②能提高矿物表面的疏水程度，使之易于在气泡上黏附，从而提高矿物可浮性。本次任务的要求是通过“理论实践要知道”的学习，拓宽自己的理论知识和实践知识领域，然后要求大家应用。

二、任务实施

(一)理论实践要知道

理论链接:浮选药剂

浮选药剂按其主要用途可分为三大类:捕收剂、调整剂和起泡剂。

1. 捕收剂

捕收剂是用以增强矿物疏水性和可浮性的药剂。硫化矿常用的捕收剂有黄药、黑药和硫氮类等。非硫化矿常用的捕收剂有羧酸(盐)类,磺酸(盐)类,硫酸酯类,胂酸、膦酸类,羟肟酸类和胺类。非极性矿物主要用中性油(如煤油、柴油)来捕收。

2. 调整剂

调整剂主要用于调整捕收的作用及介质条件。它包括抑制剂、活化剂和 pH 调整剂。①抑制剂,是用以增强矿物表面亲水性、降低矿物可浮性的药剂。硫化矿浮选常用的抑制剂有:石灰,主要抑制黄铁矿;氰化物,抑制闪锌矿、黄铁矿、黄铜矿;亚硫酸盐类,抑制闪锌矿、黄铁矿;硫酸锌,抑制闪锌矿;重铬酸盐,抑制方铅矿。非硫化矿的浮选中,常用水玻璃来抑制石英、硅酸盐等脉石矿物。②活化剂,是用以促进矿物和捕收剂的作用或者消除抑制作用的药剂。当用黄药类捕收剂时,硫酸铜、硝酸银、硝酸铅可以作为活化剂;当用脂肪酸类捕收剂时,可用氯化钙、氯化钡作为活化剂。③pH 调整剂,是用以调节矿浆酸度的药剂。常用的有石灰、碳酸钠、硫酸、盐酸等。

3. 起泡剂

起泡剂是促使矿浆中形成稳定泡沫的药剂。常用的有松油、松醇油、甲酚、脂肪醇等。

除以上几大类外,还有分散剂、絮凝剂、消泡剂、脱药剂等。

浮选药剂比较详细的分类见表 3-4。

表 3-4　浮选药剂分类

分类	系列	品种	典型代表
捕收剂	阴离子型	硫代化合物	黄药、黑药等
		羟基酸及皂类	油酸、硫酸酯等
	阳离子型	胺类衍生物	混合胺等
	非离子型	硫代化合物	乙黄腈酯等
	烃油类	非极性油	煤油、焦油等
起泡剂	表面活性物	醇类	松醇油、樟脑油等
		醚类	丁醚油等
		醚醇类	醚醇油等
		酯类	酯油等
	非表面活性物	酮醇类	(双丙)酮醇油

续表 3-4

分类	系列	品种	典型代表
调整剂	pH 调整剂	酸、碱	硫酸、石灰、碳酸钠等
	活化剂	某些金属阳离子, 无机酸、碱,某些有机物	Cu^{2+}、Ca^{2+}、盐酸、草酸等
	抑制剂	某些无机物和有机物	石灰、氰化物、重铬酸盐、淀粉等
絮凝剂	天然絮凝剂		石青粉、腐殖酸等
	合成絮凝剂		聚丙烯酰胺等
其他	脱药剂,如活性炭、硫化钠等;消泡剂,如高级烃等		

实践链接一:选矿厂实际生产小知识

1. 浮选药剂如何进行配制?

浮选药剂在使用前进行合理地配制,对提高药效有重要作用。配制方法主要根据药剂的性质确定,常见的有下列几种方法:

(1)配成水溶液。大多数溶于水的药剂都采用此法,一般配成 5%~10%或者更稀一些的水溶液添加。溶液不宜配得太稀,否则体积过大,但也不宜太浓,对用量少的药剂很难正确控制用量,也不便输送。

(2)加溶剂配制。有些不溶或者难溶于水的药剂,可将其溶于特殊的溶剂中再添加。例如,把油酸溶入煤油中再添加,可以增强在矿浆中的弥散性,还可以加强油酸的捕收作用。白药可以溶于邻甲苯胺中再使用。

(3)乳化法。脂肪酸类捕收剂及柴油经过乳化,可以增加其在矿浆中的弥散度,提高功效。常用的乳化法是:强烈机械搅拌、通入蒸汽或用超声波,若加入乳化剂,效果会更好。如妥尔油与柴油在水中可加乳化剂,烷基芳基磺酸酯、许多表面活性物质都可以作为乳化剂。

(4)皂化。脂肪酸类捕收剂常用此法配制,如铁矿石浮选时,常采用氧化石蜡皂与妥尔油作为捕收剂。为提高其水溶性,可配入 10%左右的碳酸钠,使妥尔油皂化,并用热水加温配成热的皂液再添加。再如油酸,其水溶性差,但与碳酸钠作用生成油酸钠后,水溶性变好。

(5)配成悬浊液或乳浊液。如石灰可加水磨成石灰乳再添加。

(6)酸化。在使用阳离子捕收剂(胺类)时,由于水溶性差,必须加盐酸或醋酸作用配成胺盐,才能溶于水中使用。

(7)原液添加。有些药剂在水中的溶解度很小,难以配成真溶液或稳定的乳浊液,如松醇油、甲酚黑药、煤油等,可不必配成溶液,而是直接将原液按用量添加。

水溶性药剂的配制方法,一般是先把药剂在容器内用少量水溶解,待溶解完后,再逐渐加水配成所要求的浓度。在生产现场,为了配制方便,可在配药槽上刻上标示容积的刻度尺,把称好的已知药量的药剂放入槽内,加水至刻度标示的与浓度相符的位置,搅拌至完全溶解,即可使用。药剂浓度是否达到标准,可用密度计测定。

实践链接二:选矿厂案例分享

氰化尾渣多元素浮选工艺简介

氰化尾矿中含有少量金、银、铜、铅、锌等有色金属,利用浮选的方法进行富集,通过分段浮选,分别获得铜、铅、锌精矿,使有价元素资源得到充分回收利用,取得了巨大的经济效益和社会效益。

氰化尾渣的特点:一是渣的粒度很细,一般 38 μm 的颗粒占 90%以上;二是有用矿物经氰化物长时间作用,一部分可溶性的硫化物及氧化物已溶解,矿物表面性质受氰化物长期浸蚀,已发生很大的变化,矿物之间可浮性明显减少;三是氰化尾渣中绝大部分为无回收价值的非金属矿物;四是氰化尾渣中有价元素组成复杂,目前技术经济条件下,能够回收的占极少数;五是有用矿物一般氧化率很低(原因已被氰化物溶解),不足 10%,或低于 20%,绝大部分为硫化物,有利于浮选法回收。

根据中型浮选实验及国内外同类厂家的生产实际,对氰化尾渣综合回收工艺确定为优先浮选铅精矿,再浮选铜精矿,浮选工艺均采用“一粗二扫二精”,工艺流程见图 3-4。

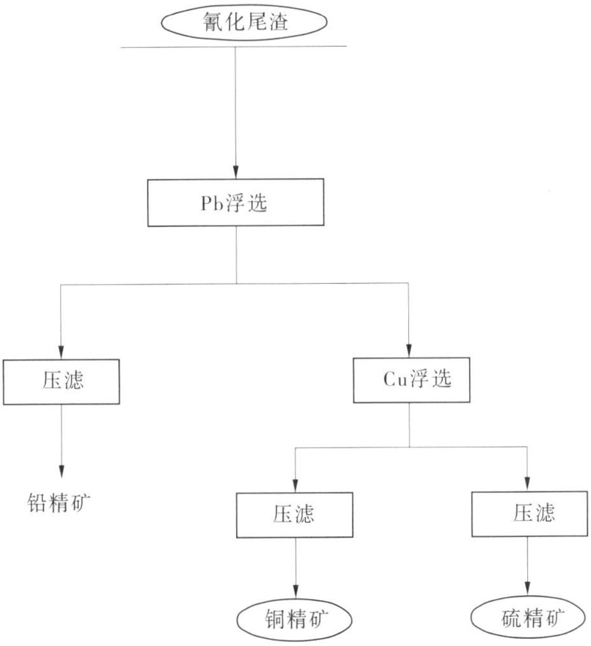

图 3-4　氰化尾渣综合回收工艺原则流程

氰化厂的尾矿经泵打入压滤机打矿槽,经压滤脱水,贫液返回氰化厂,滤饼至缓冲槽进行调浆、浓缩、中和脱 CN^-,再经加药槽加药(加入药有硫酸、黄药、浮选油、乙硫氮、黑药),进而通过浮选机浮选,得到的精矿经过浓缩机和压滤机脱水后送入精矿库。氰化尾渣综合回收厂工艺流程见图 3-5。

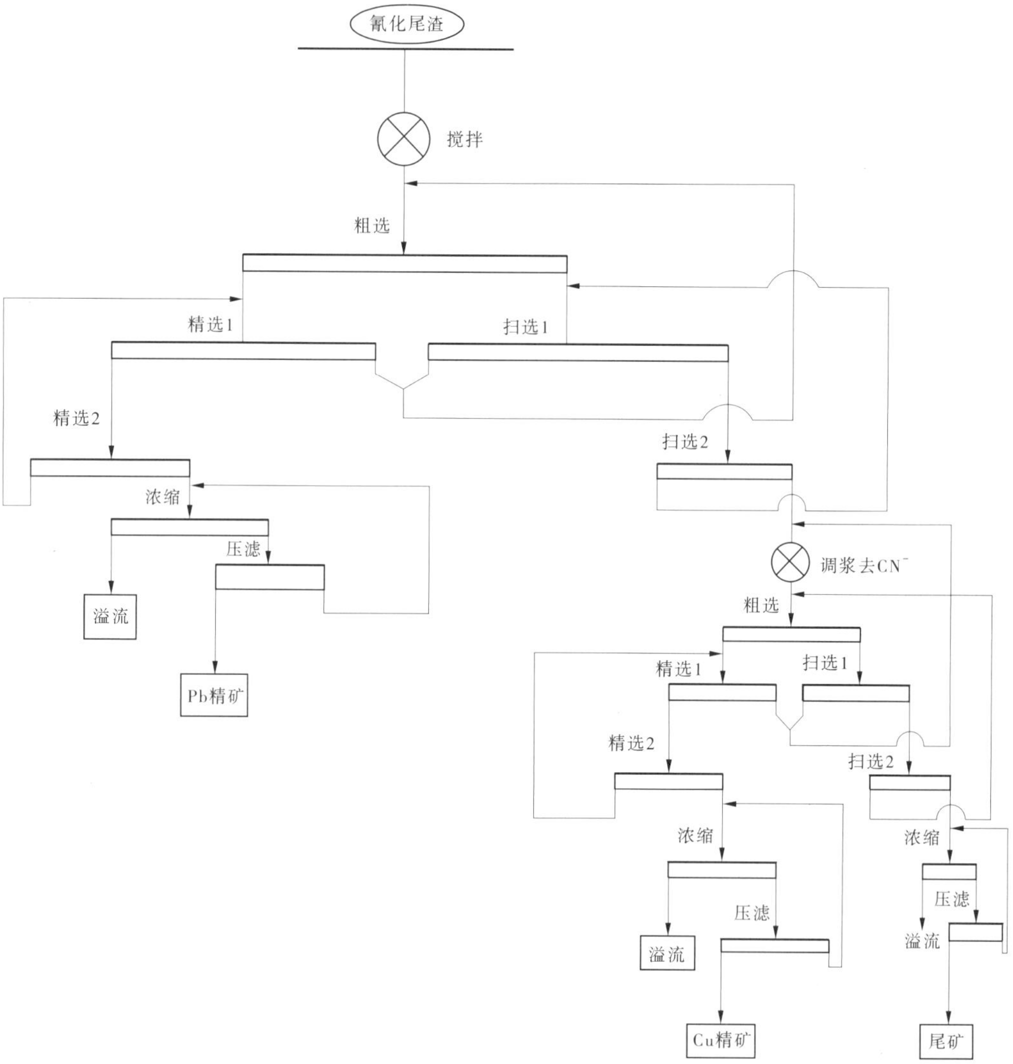

图 3-5 氰化尾渣综合回收工艺流程

(二)捕收剂捕收性能实验操作

1. 任务目标

(1)掌握有机酸硫代化合物类捕收剂及阳离子捕收剂对不同矿物的捕收作用。

(2)掌握实验室小型浮选机的操作方法。

2. 基本原理

自然界中硫化矿可用硫代化合物类捕收剂浮选,硫代化合物类捕收剂的特征是亲固基中都含有二价硫原子,对硫化矿物有捕收作用,而对脉石矿物如石英和方解石则没有捕收作用。所以,用这类捕收剂浮选硫化矿石,易将石英和方解石等脉石分离出去;含碱土金属阳离子的矿物(如萤石、白钨矿、石灰石等)和一些氧化矿物(如赤铁矿等)可用有机酸及其皂类捕收剂浮选；硅酸盐类矿物（如石英）可用阳离子捕收剂浮选。

3. 物料、仪器和药剂

捕收剂捕收性能实验所需的物料、仪器和药剂如表 3-5 所示。

表 3-5　捕收剂捕收性能实验所需物料、仪器和药剂

序号	名称	序号	名称
1	石英、方铅矿、赤铁矿纯矿物各 3 g	5	显微镜 1 台
2	小型 3~15 g 挂槽浮选机 1 台	6	电磁搅拌器 1 台
3	秒表 1 块、吸耳球 1 个	7	洗瓶 1 个、50 mL 烧杯 3 个、容量瓶 3 个、移液管 3 个
4	乙基黄药、十二胺、油酸钠	8	2#油、NaOH、HCl

4. 实验步骤

(1)将待使用的乙基黄药、十二胺、油酸钠捕收剂和 NaOH 按要求分别配制成一定浓度的溶液备用，并装入容量瓶中，十二胺要与盐酸按等摩尔比配成十二胺盐酸盐使用。

(2)称取 3 g 粒级为-0. 074 mm+0. 04 mm 的方铅矿（或赤铁矿、石英）3 份，为防止矿物表面氧化或污染，每份矿样用 2%NaOH 溶液在磁力搅拌器上清洗 3 min，然后用蒸馏水清洗至溶液 pH 值为 6~7 时即可供实验用。

(3)启动小型浮选机，将 1 份方铅矿试样倒入浮选槽中，然后补加水至液面低于泡沫溢流堰 5~6 mm。

(4)加入适量捕收剂和 2#油，用秒表记录搅拌时间，搅拌 3 min 后开始进行浮选，浮选 3~5 min 后，将精矿产品过滤、烘干后称重，记入表 3-6 中。

(5)换矿样重复步骤(2)、(3)、(4)。但注意，浮选石英和赤铁矿时，不需要加入起泡剂 2#油，这是因为十二胺和油酸钠本身就具有起泡性能。

(6)计算产率。

5. 数据处理

将药剂用量、精矿质量等数据记入表 3-6 中，然后计算产率，由于实验选用的都是纯矿物，故实际上产率即是回收率。分析各捕收剂对矿物的捕收性能。

表 3-6　捕收剂性能实验结果

矿样名称	矿物名称	药剂用量/mL	质量/g	产率(回收率)/%
方铅矿	精矿			
	尾矿			
	原矿			
石英	精矿			
	尾矿			
	原矿			
赤铁矿	精矿			
	尾矿			
	原矿			

6. 思考题

(1)上述实验结果说明什么问题?

(2)试说明乙基黄药、十二胺、油酸钠三种捕收剂分别能捕收哪类矿物?

三、任务评价

每个实训项目中的任务会以竞赛的形式进行评分,“理论实践要知道”任务各组分别出题互考互评,“捕收剂捕收性能实验操作”任务分组拍摄操作视频,并将视频上传至网络教学平台,待大家实操结束后,分组相互观看视频,查漏补缺,扬长避短,相互评分,评出“本组之星”,完成组间互评并评出“最佳小组”,将评分填入任务考核评价表(见表3-7)中。

表3-7　任务考核评价表

<table>
<tr><td colspan="2">被考人</td><td></td><td colspan="2">考评时间</td><td colspan="2"></td></tr>
<tr><td colspan="2">考评内容</td><td colspan="5">捕收剂捕收性能实验</td></tr>
<tr><td colspan="2">考评指标</td><td>考评标准</td><td>分值</td><td>自我评价</td><td>组间互评</td><td>实际得分</td></tr>
<tr><td rowspan="5">专业知识技能掌握</td><td>理论实践要知道</td><td>掌握</td><td>10</td><td></td><td></td><td></td></tr>
<tr><td>捕收剂捕收性能实验操作的正确性</td><td>掌握</td><td>10</td><td></td><td></td><td></td></tr>
<tr><td>药剂配置的准确性</td><td>掌握</td><td>10</td><td></td><td></td><td></td></tr>
<tr><td>数据计算的准确性</td><td>掌握</td><td>10</td><td></td><td></td><td></td></tr>
<tr><td>实训报告的完整性</td><td>掌握</td><td>10</td><td></td><td></td><td></td></tr>
<tr><td rowspan="5">素质培养</td><td>出勤</td><td>按时到岗,学习准备就绪</td><td>10</td><td></td><td></td><td></td></tr>
<tr><td>道德自律</td><td>自觉遵守纪律,有责任心和荣誉感</td><td>10</td><td></td><td></td><td></td></tr>
<tr><td>学习态度</td><td>积极主动,不怕困难,勇于探索</td><td>10</td><td></td><td></td><td></td></tr>
<tr><td>团队分工合作</td><td>能融入集体,愿意接受任务并积极完成</td><td>10</td><td></td><td></td><td></td></tr>
<tr><td>好习惯养成</td><td>将实验器材分类、归位,并打扫卫生</td><td>10</td><td></td><td></td><td></td></tr>
<tr><td colspan="3">合计</td><td>100</td><td></td><td></td><td></td></tr>
<tr><td colspan="2">本组之星</td><td colspan="3"></td><td colspan="2" rowspan="2">两项评选活动是为了激励学生的学习积极性</td></tr>
<tr><td colspan="2">最佳小组</td><td colspan="3"></td></tr>
</table>

续表 3-7

填表说明	1. 实际得分=自我评价(40%)+组间互评(60%)。 2. 考评满分为 100 分,60 分以下为不及格,60~69 分为及格,70~79 分为中等,80~89 分为良好,90~100 分为优秀。 3. “本组之星”可以是本次实训活动中突出贡献者,也可以是进步最大者,同样可以是其他某一方面表现突出者。 4. “组间互评”由评审团讨论后为各组给予的最终评价。评审团由各组组长组成,当各组完成实训活动后,各组组长先组织本组内部进行商议,然后各组组长将意见带至评审团,评价各组整体工作情况,将各组互评分数填入其中,“最佳小组”是实际得分最高者

四、任务拓展

点石成金的方法:金矿氰化浸出法

氰化浸出法也叫氰化法,是用含氧的氰化物溶液,浸出矿石或精矿中的金银,再从浸出液中回收金的方法。金是化学性质稳定的元素,在绝大多数的溶剂中不会溶解,但能溶解于氰化物溶液中,空气的存在也影响氰化浸出。影响氰化浸出的主要因素有金粒大小及形状、矿浆黏度、杂质离子等。

氰化浸出的基本原理:

在氰化过程中,金在稀薄的氰化溶液中,当有氧存在时可以生成一价的络合物而溶解,其基本反应分为一步反应和两步反应两种。

一步反应的反应式为

$$4Au + 8NaCN + O_2 + 2H_2O \rightarrow 4NaAu(CN)_2 + 4NaOH$$

两步反应的反应式为

$$2Au + 4NaCN + 2H_2O + O_2 \rightarrow 2NaAu(CN)_2 + H_2O_2 + 2NaOH$$

$$2Au + 4NaCN + H_2O_2 \rightarrow 2NaAu(CN)_2 + 2NaOH$$

氰化的方法较多,主要有堆浸法、炭浆法(CIP)、树脂吸附法(RIP)、炭浸法(CIL)、搅拌浸出-电解法、搅拌浸出-锌置换法等。

堆浸法多用于含金银矿石的处理。炭浆法、树脂吸附法及炭浸法对单一金(银)矿石(或低品位精矿)较为有效,对处理品位较高的银精矿效果较差。而搅拌浸出-电解法对回收银效果较好,但对回收较低品位的伴生金则效果较差。而搅拌浸出-锌置换法是处理金银精矿历史最长、最为普通的方法,它具有流程简单、投资少、回收率高、成本低、适应性强、易于管理等优点。

拓展小知识

黄金的用途

1. 黄金用作货币

早在远古时代，黄金就作为交换手段进入了流通领域，成为公认的“货币金属”，成为唯一突破地域及语言限制的国际货币。

2. 黄金的工业用途

黄金的工业用途是主要用于电子、信息、航空和宇航等工业中。

1）在电子和信息工业中的应用

黄金被广泛应用于电子、电气和通信工业的设备和耗材中，如在电话机、程控交换机、电视机和无线通信器材等的继电器、固体电路微型集成块、插接件、高频开关等，使用纯金或镀金材料，可保证其接点可靠，以及反复连通或切断的转换性能。

2）在航空航天工业中的应用

黄金可使安装在喷气式飞机、宇航飞行器、导弹上的电子系统与地面接收系统之间发出的指令和信号在通过联结器传送到接收器的过程中，不会发生 0.001 s 的中断；在宇航站的外壳上加装镀金铝塑隔热反射屏后，可使站内温度由 43 ℃降到 24 ℃；在宇航服上镀一层厚 0.2 μm 的金，可使宇航员在太空行走时免遭红外线的热辐射等。

3）在军事工业中的应用

可使用黄金制造各种用途的红外线探测器和反弹道导弹装备；在航海望远镜上镀金，可使望远镜无须擦洗，长期保持清晰。

4）在化学工业中的应用

在化学工业中，黄金主要作为催化剂使用，以黄金为原料生产的金盐是电镀工业的主要原料；黄金常被用作化工设备的安全膜。

5）在纺织工业中的应用

黄金合金是制造化学纤维生产设备喷丝头的首选材料；黄金可作为丝绸上印金敷彩技术的原料。

6）在陶瓷和玻璃工业中的应用

黄金可作为陶瓷和玻璃工业中的着色剂。

7）在建筑装饰中的应用

黄金可用于建筑装饰；另外，常用于建筑玻璃的防护材料，可反射太阳光的热辐射。

8）在日用品工业中的应用

黄金是制造加热设备和干燥设备红外线辐射器的良好材料；还常用于金笔、表壳等日用品的生产中。

3. 黄金用于制造首饰

黄金常用于制作首饰，约占制造业总用金量的 80%。

4. 黄金用于医疗

黄金可用于治病和制作长寿的药物，金可用于治疗肺结核和关节炎。金广泛用作针灸材料和人体植入材料等。

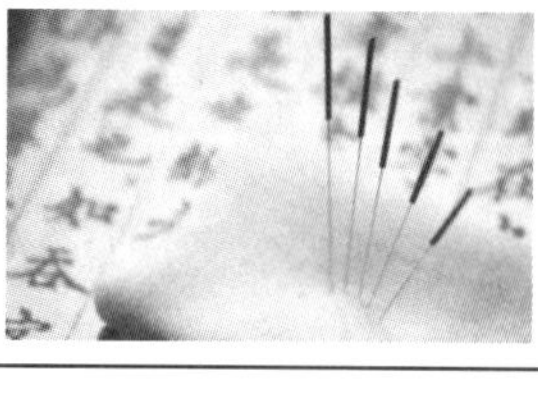

项目巩固

如何稀释高质量分数的药剂溶液？

在浮选厂中，有些药剂需要由高质量分数的溶液稀释成低质量分数的溶液，再添加使用，如硫酸、盐酸等。稀释时，可按如下公式来计算需要加入的水量：

$$W = Q_2\left(1 - \frac{R_2}{R_1}\right) = Q_1\left(\frac{R_1}{R_2} - 1\right)$$

式中　W——溶液稀释后所加的水量，kg；

Q_1——稀释前溶液的质量，kg；

Q_2——稀释后溶液的质量，kg；

R_1——稀释前溶液的质量分数；

R_2——稀释后溶液的质量分数。

[巩固练习题]　将 30 kg 质量分数为 86% 的硫酸，稀释成质量分数为 20% 的硫酸水溶液，需要加水多少？

应特别注意，用水稀释硫酸时，只能将硫酸缓缓倒入水中。若将水倒入硫酸中，则会因密度差异及大量放热而引起硫酸飞溅，造成严重事故。

项目四 浮选流程实验

项目导读

浮选工艺流程是指浮选时矿浆流经各作业的总称,是由不同浮选作业(磨碎作业、粗选作业、精选作业、扫选作业等)所构成的浮选生产工序。工艺流程是最重要的工艺因素之一,任何一种矿石的浮选分离技术均需要通过其适宜的工艺流程来实现。工艺流程的选择,对选矿指标具有很大的影响。浮选工艺流程必须与所处理的矿石性质相适应,对于不同性质的矿石应采用不同的浮选工艺流程。选择合理的浮选工艺流程才能获得最佳的选别指标和最低的生产成本。

浮选流程实验,包括开路流程实验和闭路流程实验。开路流程实验为了确定达到合格技术指标,所需的粗选、精选和扫选次数。闭路流程实验是在不连续的设备上模仿连续生产的过程的分批实验,即进行一组将前一组的中矿加到下一实验相应地点的实验室闭路实验。目的是确定中矿的影响,核定所选的浮选条件和流程,并确定最终指标。

本项目是通过对赤铁矿进行了开路实验和闭路实验研究,让学生掌握开路流程和闭路流程的实验方法;让学生根据开路实验现象、闭路实验现象和实验数据结果来指导并优化选矿厂现场的实际生产指标。

项目目标

知识目标

1. 掌握浮选实验的基本原理。
2. 掌握开路流程和闭路流程的实验方法。
3. 掌握实验数据处理的方法。
4. 培养掌握数质量流程图的绘制和计算。
5. 通过理论知识和实验操作的对比,深入理解开路流程和闭路流程实验的意义。

能力目标

1. 学会应用所学的基本知识来解决实验中的实际问题的能力。
2. 培养独立思考、认真负责、对实验结果进行处理与分析的能力。
3. 熟练掌握选矿实验技术与方法,能够熟练操作选矿实验仪器与设备。

4. 培养自设计实验，对实验操作进行优化，对实验内容进行创新探索的能力。
5. 培养根据开路实验现象、闭路实验现象和实验数据结果来优化现场生产的能力。
6. 培养精益求精、独具匠心的选矿工匠精神。

项目概览

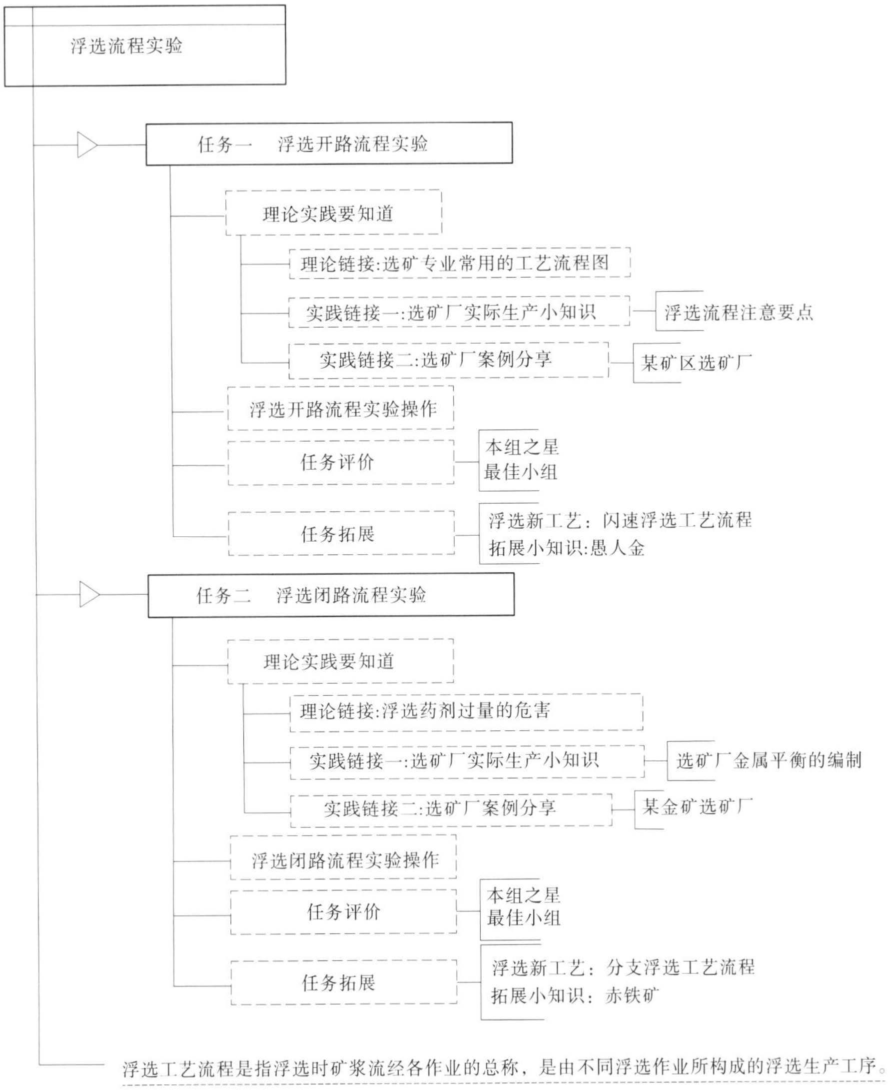

任务一　浮选开路流程实验

一、任务描述

本任务的要求是通过“理论实践要知道”的学习，拓宽自己的理论知识和实践知识领域，然后要求对选矿厂的原矿进行开路流程实验研究，按照项目二确定的条件实验的要求对其进行最佳药剂制度确定及最优开路流程确定。

二、任务实施

(一)理论实践要知道

理论链接：选矿专业常用的工艺流程图

选矿专业常用线和图表示矿石连续加工的工艺过程，这种图称为工艺流程图。常用的工艺流程图有原则流程图、线流程图、数质量流程图、矿浆流程图和设备流程图等。

1. 原则流程图

只表示出流程中各作业，而不表示各作业的细节的流程图，称为原则流程图，如图 4-1 所示。此种图表示的是工艺流程的梗概，便于粗略了解和记忆。

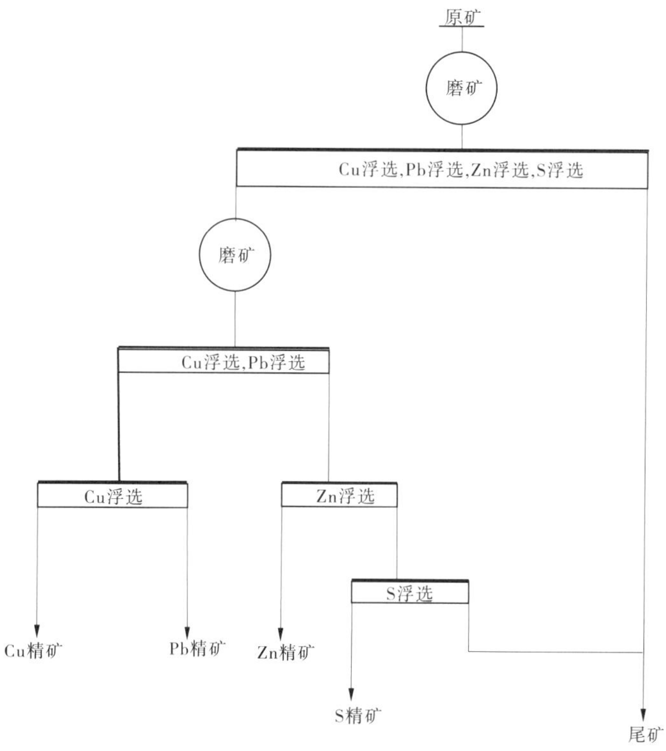

图 4-1　原则流程

2. 线流程图

用两道横线(上一条为粗实线,下一条为细实线)表示各种作业(碎矿、破碎与磨矿也可用圆圈表示),用细线表示物料流向,绘出的流程图称为线流程图。它表示了流程各作业的细节,即矿石加工的全过程,如图 4-2 所示。

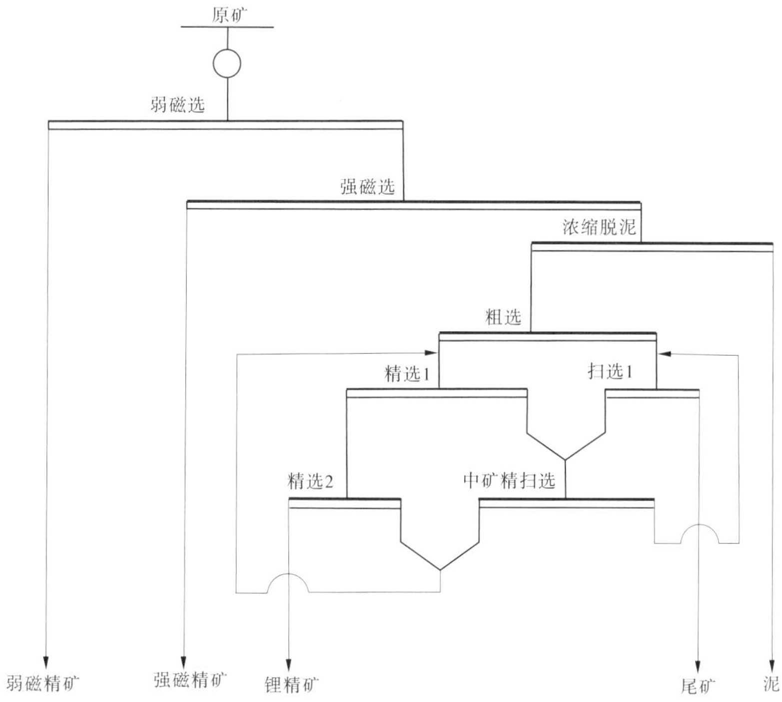

图 4-2　线流程

3. 数质量流程图

如果在线流程图上把包括原矿和中间产物在内的各产物的产率、矿量品位和回收率等数量和质量指标均标出来,则称为数质量流程图,如图 4-3 所示。数质量流程图必须通过流程考查才能得到,它是评价和指导生产不可缺少的重要依据。

4. 矿浆流程图

如果在线流程图上把各产物(包括原矿和中间产物)的矿量、质量分数、水量和各作业的加水量均标出来,则称为矿浆流程图,如图 4-4 所示。

5. 设备流程图

该图用粗实线画出设备或设施的形象,用带箭头的细实线表示物料流向,如图 4-5 所示。它直观地显示出了各设备之间的联系和物料的走向。

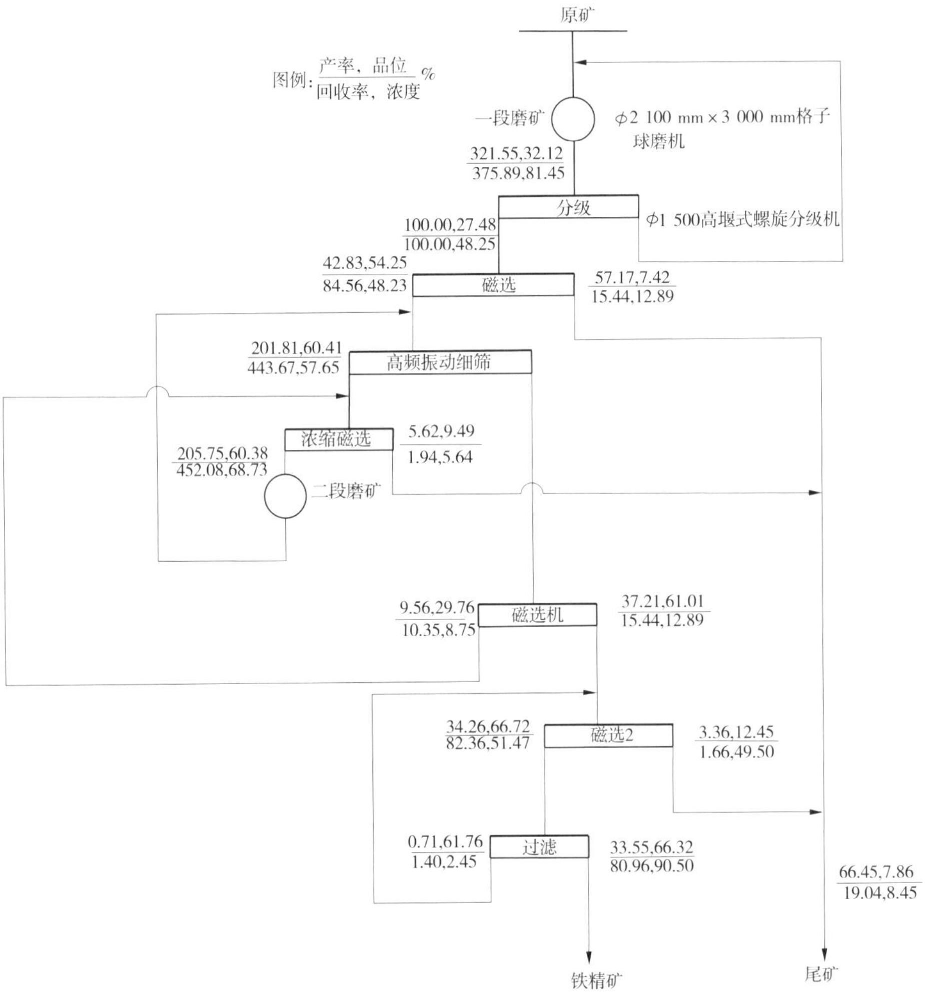
原矿
图例：产率，品位 / 回收率，浓度 %
一段磨矿
φ2 100 mm×3 000 mm格子球磨机
321.55,32.12 / 375.89,81.45
分级
φ1 500高堰式螺旋分级机
100.00,27.48 / 100.00,48.25
42.83,54.25 / 84.56,48.23
磁选
57.17,7.42 / 15.44,12.89
201.81,60.41 / 443.67,57.65
高频振动细筛
浓缩磁选
5.62,9.49 / 1.94,5.64
205.75,60.38 / 452.08,68.73
二段磨矿
9.56,29.76 / 10.35,8.75
磁选机
37.21,61.01 / 15.44,12.89
34.26,66.72 / 82.36,51.47
磁选2
3.36,12.45 / 1.66,49.50
0.71,61.76 / 1.40,2.45
过滤
33.55,66.32 / 80.96,90.50
66.45,7.86 / 19.04,8.45
铁精矿
尾矿

图 4-3　数质量流程

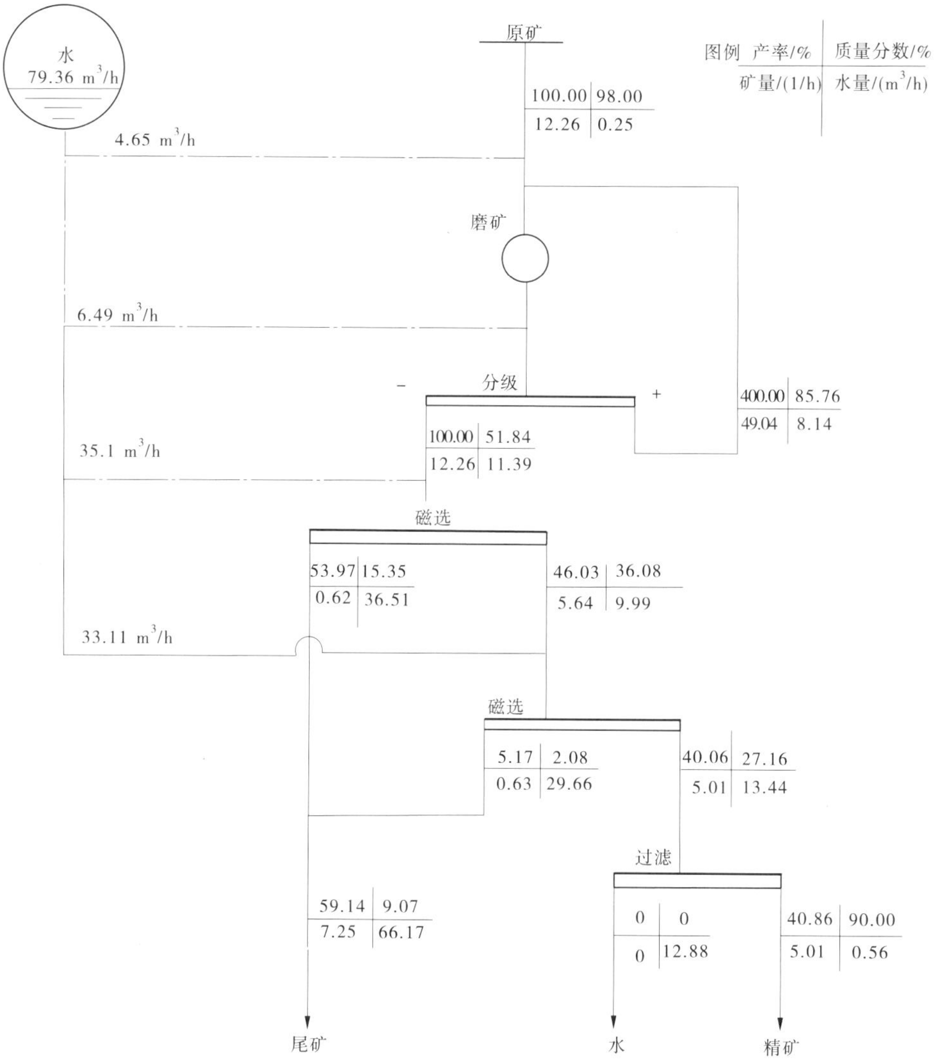

图 4-4 矿浆流程

实践链接一:选矿厂实际生产小知识

浮选流程应注意哪些要点?

浮选操作过程大致分为粗选、扫选和精选 3 个流程。选别区、粗选区的泡沫产品一般送精选区进行一次或多次富集选别,选出的泡沫为浮选最终精矿产品。如何处理好扫选区刮出的中矿量和精选区的尾矿产品,是整个浮选过程的关键问题,控制中矿量的多少是整个浮选操作的重点。中矿量的控制可以从以下几个方面来看:

(1)整个浮选过程的矿浆流动是否较畅通。

(2)泡沫槽是否满槽,泡沫流动性是否较差。

(3)浮选槽内的矿浆液位是否较高。

(4)凭经验判断,是否是由上下作业的因素和工艺条件变化引起的。

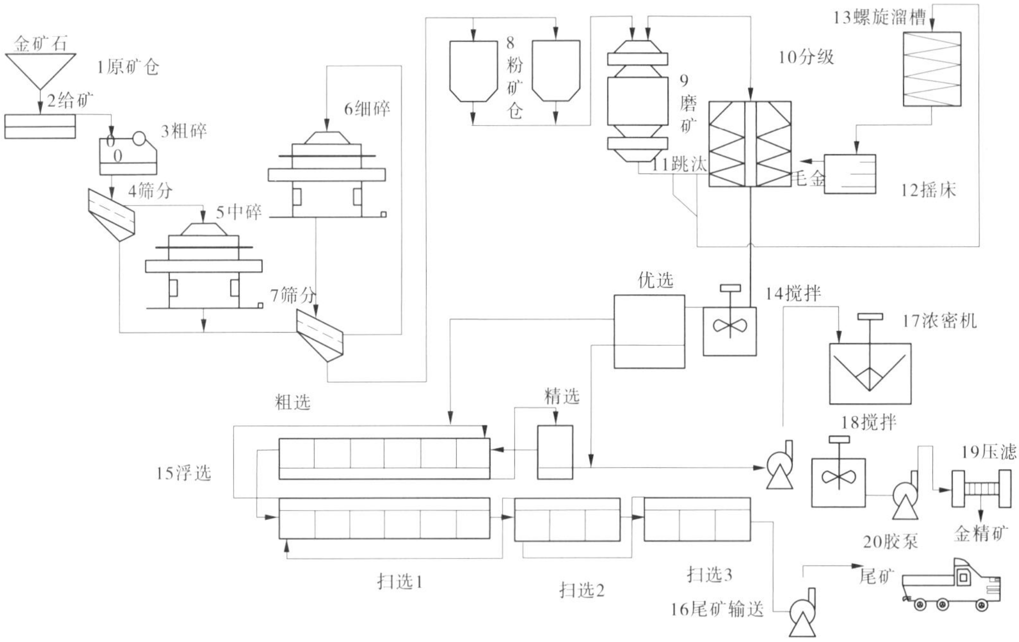

图 4-5　设备流程

一般控制中矿返回量为40%～80%。浮选操作过程中要勤于观察泡沫颜色、泡沫厚薄和刮出的泡沫声音的变化，这也是判断矿石可选性好与差，和其他工艺条件是否控制适宜的一种检查方法。镍矿石选别过程中，粗选作业较好的判断指标主要看泡沫是否是实重，泡沫层是否较厚，泡沫大小是否较均匀，第一槽到最末槽的泡沫颜色、厚薄是否有明显的变化；泡沫刮到泡沫槽内是否“嚓嚓”响。如果粗选槽内的泡沫层薄，泡沫数量少又大，泡沫颜色光泽变化不明显，浮选机槽内翻浆，液面刮出的泡沫带矿浆落到泡沫槽内出现“啪啦”声，那么浮选指标较差。观察扫选区和精选区的泡沫颜色，主要用来判断尾矿品位和精矿品位的高低。一般最后一排泡沫的表面颜色较浅的金属光泽最好，说明矿物分选层次分明；浮选槽内的死角处有光泽性的泡沫，说明浮选药剂和其他工艺条件调整恰当，有利于尾矿的降低。

实践链接二：选矿厂案例分享

某矿业股份有限公司某矿区选矿厂简介

某矿业股份有限公司某矿区位于招远市城区北西 30 km，行政区划属招远市蚕庄镇。1978 年经烟台黄金局批准，由烟台黄金设计院设计，设计规模为 150 t/d，1980 年 7 月试车投产。2011 年通过技改处理能力达到 1 700 t/d，黄金产量已达 2 050 kg。

某选矿厂磨浮工分 2 个系统，其中南厂房磨矿与分级采用一段闭路磨矿工艺，流程见图 4-6，磨矿采用 MQG-2736 球磨机，分级采用 2FLG2000 双螺旋分级机。北厂房磨矿与分级采用一段闭路磨矿工艺，流程见图 4-7，磨矿采用 MQG-2430 球磨机，分级采用 FLG2000 单螺旋分级机，处理量均由 SK-2105 微机皮带秤计量，溢流浓度用浓度壶来测量,细度通过-200目筛子筛析测定。浮选工艺南厂房采用一次优选、一次粗选、一次精选、二次扫选的混合浮选工艺,采用BSK-4 m^3充气搅拌式浮选机和XCF-4 m^3自吸式浮选机,浮选机由罗茨鼓风机供风,浮选作业药剂的添加采用RX-BJ系列蠕动泵式电脑加药机,采样由人工进行。北厂房采用一次优选、一次粗选、一次精选、三次扫选的混合浮选工艺,采用BSK-4 m^3充气搅拌式浮选机和KYF-4 m^3自吸式浮选机,浮选机由罗茨鼓风机供风,浮选作业药剂的添加采用RX-BJ系列蠕动泵式电脑加药机,采样由人工进行。浮选作业的精矿经2PNJB胶泵供入ZNS-12高效式浓缩机进行第一步浓缩脱水,溢流水经多次沉淀后,将沉淀物再返回浓密机进行处理;浓密机底流供入XAZ240压滤机进行第二步脱水处理,即得最终精矿滤饼产品。

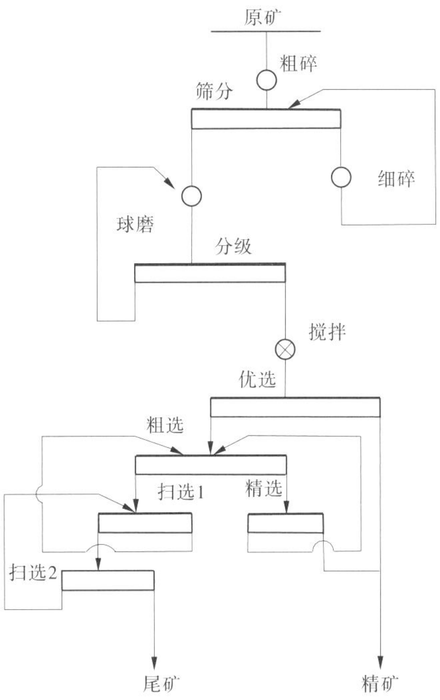

图4-6　某选矿厂南厂房工艺流程

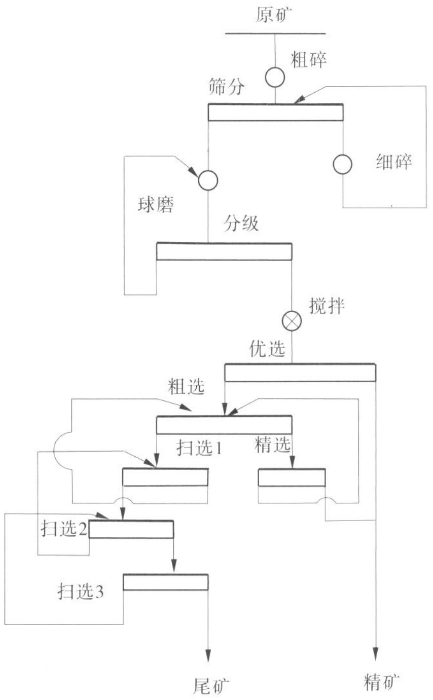

图4-7　某选厂矿北厂房工艺流程

设计浮选作业采用单系列,流程结构为"一粗、三扫、二精",旋流器溢流自流至1台BCF-A3550高效矿浆搅拌槽,经加药搅拌后,给入粗选(3槽XCF/KYF-40浮选机),粗选尾矿给入一次扫选(3槽XCF/KYF-40浮选机),一次扫选尾矿给入二次扫选(2槽XCF/KYF-40浮选机),二次扫选尾矿给入三次扫选(2槽XCF/KYF-24浮选机),各次扫选作业精矿依次返回上一段作业,粗选精矿给入一次精选(4槽XCF/KYF-8浮选机),一次精选泡沫给入二次精选(2槽XCF/KYF-8浮选机),各次精选尾矿返回上一段作业。二次精选精矿为浮选金精矿,由渣浆泵输送至浓缩机进行脱水。

(二)浮选开路流程实验操作

1. 实验目的

浮选开路流程实验是为了确定达到合格技术指标所需的粗选、精选和扫选次数。确定流程结构,对精矿、中矿、尾矿产品进行查定,为实验室闭路流程提供依据。

2. 物料、仪器和试剂

浮选开路流程实验所需的实验物料、仪器和试剂如表 4-1 所示。

表 4-1 浮选开路流程实验所需物料、仪器和试剂

序号	名称	序号	名称
1	赤铁矿矿石 5 kg,500 g 1 袋	6	烘箱 1 台
2	0.75 L 单槽浮选机 2 台	7	油酸钠、碳酸钠
3	吸耳球 3 个、温度计 3 个	8	容量瓶 2 个、洗瓶 3 个
4	锥形球磨机 1 台	9	煤气加热盘 3 个
5	pH 计 1 台	10	盆若干

3. 实验步骤

(1)设计好工艺流程,将所有需要的盆标上号。

(2)将 500 g 矿样放入锥形球磨机中,在适宜磨矿浓度下磨矿一定时间,制备出适宜粒度的待选矿浆。

(3)将待选矿浆加温后放入单槽浮选机中,加适量热水,搅拌 2 min 后,加入 pH 调整剂调节 pH 值,搅拌 3 min 后加入一定用量的捕收剂,搅拌 3 min。

(4)开启充气和刮泡装置进行浮选,浮选一定时间后,关闭充气和刮泡装置,获得粗选精矿和粗选尾矿。

(5)将粗选精矿加热后转移至另一台单槽浮选机中,加适量热水,添加适量浮选药剂后进行精选,获得精选精矿和精矿尾矿(精选中矿 1)。再将获得的精选精矿进行二次精选,获得二次精选精矿和二次精矿尾矿(精选中矿 2),以此类推(根据不同的矿石性质及实验后产品化验数据指标,确定最终精选次数)。

(6)将粗选尾矿加入适量热水和浮选药剂后再进行一次扫选,获得一扫精矿和一扫尾矿,一扫精矿为中矿产品(扫选中矿 1),一扫尾矿加入浮选药剂后进行二次扫选,获得二扫精矿和二扫尾矿(扫选中矿 2),二扫尾矿加入浮选药剂后进行三次扫选,获得三扫精矿和三扫尾矿(扫选中矿 3),以此类推(根据不同的矿石性质及实验后产品化验数据指标,确定最终扫次数)。

4. 数据处理

将各产物质量和品位数据记入表 4-2 中,计算各产物产率和回收率。

表 4-2　赤铁矿浮选开路流程实验结果

产物名称	质量/g	产率/%	品位/%	回收率/%

三、任务评价

每个实训项目中的任务会以竞赛的形式进行评分,“理论实践要知道”任务各组分别出题互考互评,“浮选开路流程实验操作”任务分组拍摄操作视频,并将视频上传至网络教学平台,待大家实操结束后,分组相互观看视频,查漏补缺,扬长避短,相互评分,评出“本组之星”,完成组间互评并评出“最佳小组”,将评分填入任务考核评价表(见表 4-3)中。

表 4-3 任务考核评价表

<table>
<tr><td colspan="2">被考人</td><td></td><td colspan="3">考评时间</td><td></td></tr>
<tr><td colspan="2">考评内容</td><td colspan="5">浮选开路流程实验</td></tr>
<tr><td colspan="2">考评指标</td><td>考评标准</td><td>分值</td><td>自我评价</td><td>组间互评</td><td>实际得分</td></tr>
<tr><td rowspan="5">专业知识技能掌握</td><td>理论实践要知道</td><td>掌握</td><td>10</td><td></td><td></td><td></td></tr>
<tr><td>实验设备的正确使用</td><td>掌握</td><td>10</td><td></td><td></td><td></td></tr>
<tr><td>药剂配置的准确性</td><td>掌握</td><td>10</td><td></td><td></td><td></td></tr>
<tr><td>数据计算的准确性</td><td>掌握</td><td>10</td><td></td><td></td><td></td></tr>
<tr><td>实训报告的完整性</td><td>掌握</td><td>10</td><td></td><td></td><td></td></tr>
<tr><td rowspan="5">素质培养</td><td>出勤</td><td>按时到岗，学习准备就绪</td><td>10</td><td></td><td></td><td></td></tr>
<tr><td>道德自律</td><td>自觉遵守纪律，有责任心和荣誉感</td><td>10</td><td></td><td></td><td></td></tr>
<tr><td>学习态度</td><td>积极主动，不怕困难，勇于探索</td><td>10</td><td></td><td></td><td></td></tr>
<tr><td>团队分工合作</td><td>能融入集体，愿意接受任务并积极完成</td><td>10</td><td></td><td></td><td></td></tr>
<tr><td>好习惯养成</td><td>将实验器材分类、归位，并打扫卫生</td><td>10</td><td></td><td></td><td></td></tr>
<tr><td colspan="3">合　计</td><td>100</td><td></td><td></td><td></td></tr>
<tr><td colspan="2">本组之星</td><td colspan="3"></td><td colspan="2" rowspan="2">两项评选活动是为了激励学生的学习积极性</td></tr>
<tr><td colspan="2">最佳小组</td><td colspan="3"></td></tr>
<tr><td colspan="2">填表说明</td><td colspan="5">1. 实际得分=自我评价(40%)+组间互评(60%)。
2. 考评满分为 100 分，60 分以下为不及格，60~69 分为及格，70~79 分为中等，80~89 分为良好，90~100 分为优秀。
3. “本组之星”可以是本次实训活动中突出贡献者，也可以是进步最大者，同样可以是其他某一方面表现突出者。
4. “组间互评”由评审团讨论后为各组给予的最终评价。评审团由各组组长组成，当各组完成实训活动后，各组组长先组织本组内部进行商议，然后各组组长将意见带至评审团，评价各组整体工作情况，将各组互评分数填入其中，“最佳小组”是实际得分最高者</td></tr>
</table>

四、任务拓展

浮选新工艺：闪速浮选工艺流程

闪速浮选工艺流程是近来发展较快的一种快速回收粗粒级有用矿物的浮选工艺。该工艺技术能够优先浮选矿石中嵌布粒度粗、可浮性好的金属矿物，实现“早收多收”的目的。其显著优点是,能够减少因过磨而引起的矿泥罩盖问题,从而可提高金属回收率。另外,在磨矿回路中增加一步闪速浮选,可以减轻磨矿回路的循环负荷,提高磨矿机的工作效率。

以铜镍矿为例,闪速浮选工艺流程如图 4-8 所示。

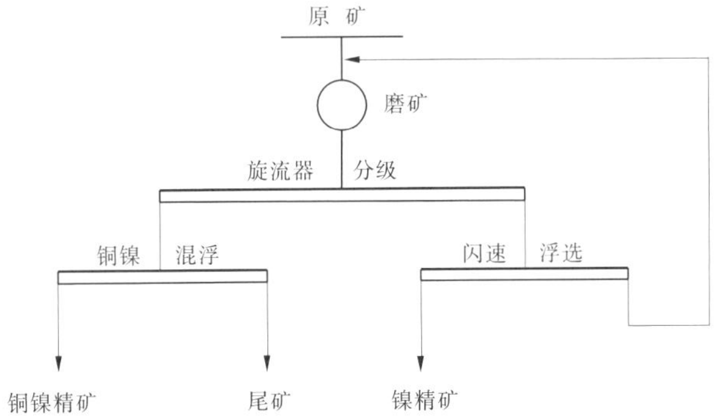

图 4-8　铜镍矿闪速浮选工艺流程

闪速浮选要处理的矿样一般是旋流器的沉砂,相对较粗,故须采用特殊的闪速浮选机进行分选。由于闪速浮选的精矿粒度较粗,这种混合精矿脱水比较容易,其另一个优点是节省了大量药剂和能耗,为主浮选流程提供了稳定的给矿,故最终精矿质量较高,选厂处理能力增加。

闪速浮选工艺流程现已广泛应用于铅、锌、铜、镍、金等金属矿山,特别是对于有用矿物易泥化、嵌布粒度粗细不均、来矿品位变化较大及含有金、银等贵金属的矿石浮选效果更为明显。国外采用闪速浮选技术一般可使铜、镍、铅、锌等金属的回收率提高 1%~3%,金、银等贵金属的回收率提高 3%~5%。澳大利亚芒特肯斯镍选厂、坎巴尔达镍选厂、俄罗斯诺里尔斯克镍选厂均应用了该种工艺。

拓展小知识

愚人金

愚人金正式的名称为黄铁矿,英文名为 pyrite。愚人金的化学成分是二硫化亚铁,与黄金一点儿关系也没有,但是它金黄的颜色,以及像黄金一样闪亮的金属光泽,使得一般人稍不小心就会被它欺骗。

右图为一件维多利亚时期的白铁矿/珍珠胸针,金色反光颗粒采用黄铁矿制成。莎士比亚说，不是所有闪光的东西,都是金子。同样,宝贵的东西,也未必要真值钱。	

任务二　浮选闭路流程实验

一、任务描述

本任务的要求是通过“理论实践要知道”的学习,拓宽自己的理论知识和实践知识领域,然后要求对选矿厂的原矿进行闭路流程实验研究,以开路流程实验确定的最佳药剂制度为基础,完成闭路流程实验的整体操作。

二、任务实施

(一)理论实践要知道

理论链接:浮选药剂过量的危害

在浮选工艺中,药剂过量的危害往往容易被忽视。实践经验证明,浮选指标下降,有不少情况是由浮选药剂过量造成的。浮选药剂过量的危害主要有以下几个方面。

1.捕收剂过量的危害

(1)破坏浮选过程的选择性。大量实验和生产实践证明,当捕收剂用量超过一定范围时,精矿品位就会明显下降。即使回收率略有提高,也是得不偿失。

(2)过量的捕收剂会给泡沫精矿进一步精选及混合精矿分离带来困难。在这种情况下,现场往往采取多加调整剂的办法来补救。由于多加了调整剂,含有过量药剂的中矿又返回流程中,形成恶性循环,造成浮选过程混乱,降低了浮选指标。另外,由于捕收剂过量,抑制剂用量也要增加。例如,黄药过量,抑制剂氰化物用量也要增加,这不仅浪费了药剂,还使尾矿中有毒药剂含量增高,造成公害。

(3)过量的捕收剂可使某些矿物的可浮性下降。例如,过量的脂肪酸类捕收剂会使氧化矿的可浮性下降。这是由于捕收剂在矿物表面形成了多层吸附的反向层,极性基反而朝外,使矿物表面亲水而造成的。

(4)过量的捕收剂还会形成大量泡沫而使精矿和尾矿不易脱水,给浓缩和过滤带来困难。

2.抑制剂过量的危害

抑制剂过量时,欲浮的矿物也可能和被抑制的矿物同时受到抑制,导致回收率下降。

这时,为了提高被浮矿物的上浮能力,必须加大捕收剂的用量。

3.活化剂过量的危害

活化剂过量不仅会破坏浮选过程的选择性,还可能与捕收剂作用生成沉淀而消耗大量的捕收剂。例如,当活化闪锌矿时,如硫酸铜过量,过量的硫酸铜所产生的铜离子会在矿浆中与黄药生成黄原酸铜沉淀而增加不必要的消耗。

4.起泡剂过量的危害

起泡剂过量会造成大量黏而细的气泡,易使脉石矿物黏附在气泡上而影响精矿品位。如果原矿中含泥较多,则会形成大量黏性泡沫,容易引起"跑槽"事故,大量精矿就会溢出泡沫槽,造成生产操作混乱。

药剂用量的严格控制是提高浮选工艺指标的重要因素,过量的药剂破坏了浮选过程的选择性,增加了选矿费用,直接或间接地给浮选工艺的调节带来困难。

实践链接一:选矿厂实际生产小知识

选矿厂为什么要定期搞金属平衡?如何编制?

选矿厂处理矿石中的金属量,在理论上应当等于选矿产品中所含的金属量,但是实际在金属平衡表中却不一致。差值取决于取样的准确性、化学分析和机械损失。差值小,说明选矿厂生产技术管理水平高;差值大,则说明选矿生产技术管理水平差。

为了评定选厂某一期间(班、日、旬、月、季、年)的工作情况,必须按一定形式编制关于入厂矿石、已处理矿石及选矿产品的报表,其中包括矿石质量、所得到的选矿产品质量、矿石和选矿产品化学分析结果、精矿中的金属回收率等。

在处理各种不同矿石和多金属产品的选矿厂中,可以按照矿石(或金属)种类来编制各种金属平衡表。贵金属或其他不能分成独立精矿的金属,也要编制单独但不完整的平衡表。

选矿厂的金属平衡分为两种:一种是实际金属平衡,又叫商品平衡;另一种是理论金属平衡,又叫工艺平衡。

实际金属平衡考虑了在工艺过程中各个选矿阶段上的机械损失和局部流失,如浮选泡沫跑槽、砂泵喷浆、管路漏浆等各种因素。实际金属平衡是根据现场实际处理的原矿量及原矿品位和得到的实际精矿量及精矿品位,而计算出精矿回收率,这个回收率称作实际回收率。

理论金属平衡没有考虑选矿各阶段的机械损失和金属流失,是根据原矿、精矿、尾矿的化验品位,计算出精矿回收率,这个回收率称为理论回收率。根据原矿处理量及原矿、精矿和尾矿品位而编制的金属平衡叫作理论金属平衡或工艺平衡。

理论回收率和实际回收率的允许差值不准超过:单一金属选厂不准超过±1%;重选厂不准超过±1.5%;多金属选厂不准超过±2%。

选矿厂生产技术管理人员通过金属平衡表的编制和流程考察可及时发现选矿生产中存在的技术管理、设备等方面存在的问题。要及时对问题进行分析,了解各环节金属流失或指标低的原因,研究进一步开展节能降耗,改进工艺和设备,采用新技术、新设备的措施和途径,从而为提高选矿厂经济效益创造必要的条件。

实践链接二:选矿厂案例分享

某金矿选矿厂简介

某金矿矿区面积5.419 9 km^2。某金矿选矿厂在1983年设计投产100 t/d,后经多次改造达到现设计规模6 000 t/d。

磨浮工艺:破碎产品经6#皮带运输机给入MQG-3660湿式格子型球磨机与FG-3000高堰式分级机构成闭路流程磨矿,分级溢流经FX-660水力旋流器组分级后,一部分沉砂分流到MQY-2736球磨机,另一部分沉砂与部分原矿经8#皮带运输机进入二段磨矿MQY3660溢流型球磨机再磨,旋流器溢流进入3台KYF-40充气搅拌式浮选机进行粗选,粗选产品进行精选,粗选尾矿进入6台KYF-40充气搅拌式浮选机进行扫选,扫选产品和精选尾矿合并返回旋流器分级再磨再选,扫选尾矿即为最终尾矿,经200CMG-700渣浆泵输送到尾矿坝堆存,精选泡沫即为浮选产品,经65/220B陶瓷泵输送入脱水作业,脱水作业采用TT-30陶瓷过滤机进行脱水作业,具体工艺流程见图4-9。

(二)浮选闭路流程实验操作

1. 任务目标

(1)了解浮选闭路流程实验的方法和目的。

(2)闭路流程实验数质量流程的计算方法。

码4-1 浮选闭路实验

2. 实验原理

闭路流程实验是用来考查循环物料的影响的分批实验,是在不连续的设备上模仿连续的生产过程。其目的是:找出中矿返回对浮选指标的影响;调整由于中矿循环引起药剂用量的变化,考察中矿矿浆带来的矿泥,或其他有害固体,或可溶性物质是否将累积起来并妨碍浮选;检查和校核所拟定的浮选流程,确定可能达到的浮选指标等。

闭路流程实验是按照开路流程实验选定的流程和条件,接连而重复地做几个实验,但每次所得的中间产品(精选尾矿、扫选精矿)仿照现场连续生产过程一样,给到下一实验的相应作业,直至实验产品达到平衡。例如,如果采用图4-10所示的简单的"一粗、一精、一扫"闭路流程,则相应的实验室浮选闭路流程实验示例如图4-11所示。

一些复杂的闭路流程实验中有几次精选作业和扫选作业,每次精选尾矿和扫选精矿一般顺序返回前一作业,也可能有中矿再磨等。

一次闭路流程实验需要多台浮选机和多个操作人员,在一般情况下,闭路流程实验要接连做5~6个实验,为初步判断实验产品是否已经达到平衡,最好在实验过程中将产品过滤,把滤饼称湿重或烘干称重,并进行产品的快速化验,以分析实验是否已达到平衡,即产率和金属量的平衡。一般分析第3个实验以后的浮选产品的金属量和产率是否大致相等。

如果在实验过程中发现中间产品的产率一直增加,达不到平衡,则表明中矿在浮选过程中没有得到分选,将来生产时也只能机械地分配到精矿和尾矿中,从而使精矿质量降低,尾矿中金属损失增加。即使中矿量没有明显增加,如果根据各产品的化学分析结果看出,随着实验的依次进行,精矿品位不断下降,尾矿品位不断上升,一直稳定不下来,这也

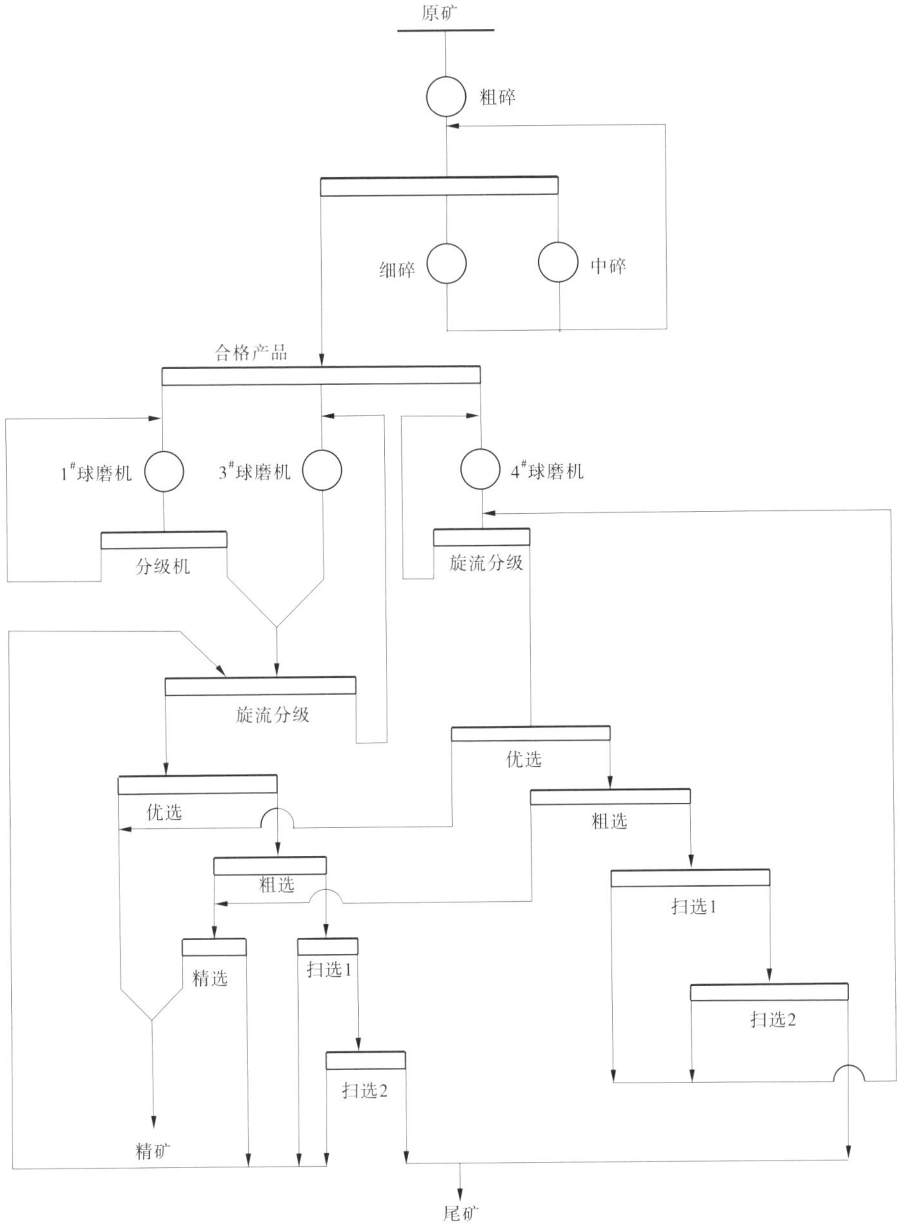

图 4-9　某金矿选矿厂工艺流程

说明中矿没有得到分选,只是机械地分配到精矿和尾矿中。对以上两种情况，都要查明中矿没有得到分选的原因。如果通过对产品的考察查明中矿主要由连生体组成,就要对中矿进行再磨,并将再磨产品单独进行浮选流程实验,判断中矿是能返回原浮选循环还是单独处理。如果是其他方面的原因,也要对中矿单独进行研究后才能确定它的处理方法。

闭路流程实验操作中主要应当注意下列问题:

第一，随着中间产品的返回，某些药剂用量要相应地减少。这些药剂可能包括烃类非极性捕收剂、黑药和脂肪酸类等兼有起泡性质的捕收剂，以及起泡剂。

第二，中间产品会带进大量的水，因而在实验过程中要特别注意节约冲洗水和补加冲洗水以免发生浮选槽装不下的情况。实在不得已时，把脱出的水留下来作冲洗水或补加水。

第三，闭路流程实验的复杂性和产品存放造成影响的可能性，要求把时间耽搁降低到最低限度。应预先详细地制订计划，规定操作程序，严格遵照执行。必须预先制订出整个实验流程，标出每个产品的号码，以避免把标签或产品弄混而产生差错。

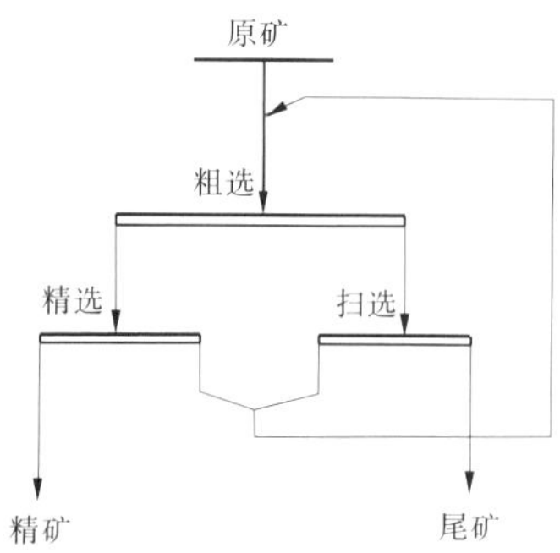

图 4-10　简单闭路流程

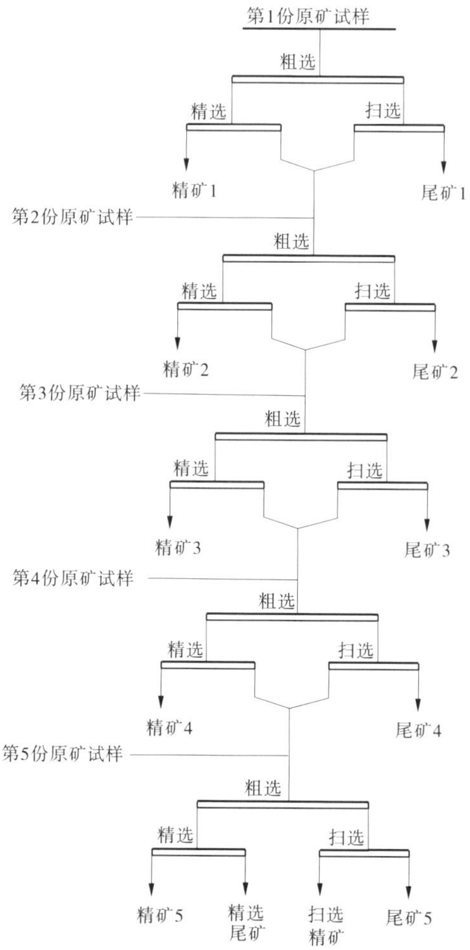

图 4-11　闭路流程实验示例

第四，要将整个闭路流程实验连续做到底，避免中间停歇，使产品搁置太久。

根据闭路流程实验结果计算最终浮选指标的方法有 3 个：

(1)将所有精矿合并算作总精矿，所有尾矿合并作总尾矿，中矿单独再选一次，再选精矿并入总精矿中，再选尾矿并入总尾矿中。

(2)将达到平衡后的最后 2~3 个实验的精矿合并作总精矿，尾矿合并作总尾矿，然后根据“总原矿=总精矿+总尾矿”的原则反推总原矿的指标。中矿则认为进出相等，单独计算。这与选矿厂设计时计算闭路流程物料平衡的方法相似。

(3)取最后一个实验的指标作为最终指标。

一般都采用第 2 个方法，其具体方法如下：假设接连共做了 5 个实验，从第 3 个实验起，精矿和尾矿的质量及金属量即已稳定，因而采用第 3、4、5 个实验的结果作为计算最终指标的原始数据。

图 4-12 表示已达到平衡的第 3、4、5 个实验的流程图。表 4-4 列出了表示各产品的质量、品位的符号，如果将 3 个实验看作一个总体，则进入这个总体的物料为原矿 3+原矿 4+原矿 5+中矿 2。

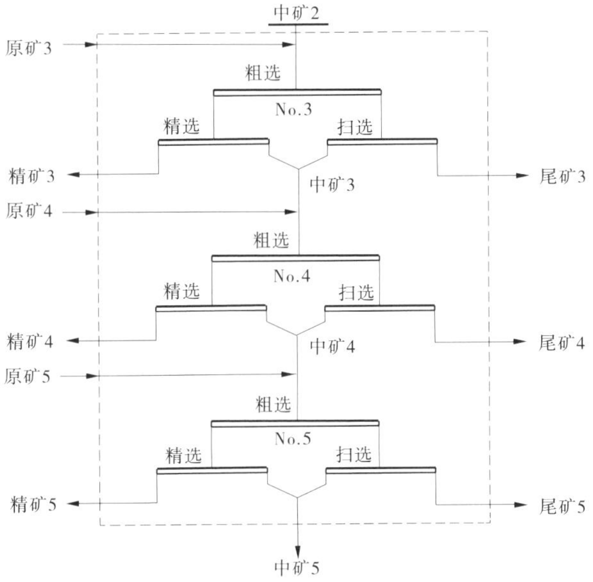

图 4-12　闭路流程

表 4-4　闭路流程实验结果

实验序号	精矿		尾矿		中矿	
	质量/g	品位/%	质量/g	品位/%	质量/g	品位/%
3	W_{c3}	β_3	W_{t3}	ϑ_3	W_{m3}	β_{m5}
4	W_{c4}	β_4	W_{t4}	ϑ_4		
5	W_{c5}	β_5	W_{t5}	ϑ_5		

从这个总体出来的物料有(精矿 3+精矿 4+精矿 5)+中矿 5+(尾矿 3+尾矿 4+尾矿 5)。

由于实验已达到平衡，可认为，中矿 2＝中矿 5，则原矿 3+原矿 4+原矿 5＝(精矿 3+精矿 4+精矿 5)+(尾矿 3+尾矿 4+尾矿 5)。

下面分别计算产品质量、产率、金属量、品位、回收率等指标。

(1)质量和产率。

每一个单元实验的平均精矿质量为

$$W_c = \frac{W_{c3} + W_{c4} + W_{c5}}{3} \tag{4-1}$$

平均尾矿质量为

$$W_t = \frac{W_{t3} + W_{t4} + W_{t5}}{3} \tag{4-2}$$

平均原矿质量为

$$W_0 = W_c + W_t \tag{4-3}$$

由此分别算出精矿和尾矿的产率为

$$\gamma_c = \frac{W_c}{W_0} \times 100\% \tag{4-4}$$

$$\gamma_t = \frac{W_t}{W_0} \times 100\% \tag{4-5}$$

(2)金属量和品位。

品位是相对数值，是加权平均值，故需先计算绝对数值金属量 P，再算出品位。

3 个精矿的总金属量为

$$P = P_{c3} + P_{c4} + P_{c5} = W_{c3}\beta_3 + W_{c4}\beta_5 + W_{c5}\beta_5 \tag{4-6}$$

精矿的平均品位为

$$\beta = \frac{P_c}{3W_c} \times 100\% = \frac{W_{c3}\beta_3 + W_{c4}\beta_4 + W_{c5}\beta_5}{W_{c3} + W_{c4} + W_{c5}} \times 100\% \tag{4-7}$$

同理，尾矿的平均品位为

$$\vartheta = \frac{P_t}{3W_t} \times 100\% = \frac{W_{t3}\vartheta_3 + W_{t4}\vartheta_4 + W_{t5}\vartheta_5}{W_{t3} + W_{t4} + W_{t5}} \times 100\% \tag{4-8}$$

原矿的平均品位为

$$\alpha = \frac{(W_{c3}\beta_3 + W_{c4}\beta_4 + W_{c5}\beta_5) + (W_{t3}\vartheta_3 + W_{t4}\vartheta_4 + W_{t5}\vartheta_5)}{(W_{c3} + W_{c4} + W_{c5}) + (W_{t3} + W_{t4} + W_{t5})} \times 100\% \tag{4-9}$$

(3)回收率。

精矿中金属回收率可按式(4-10)～式(14-2)中任一公式计算，其结果均相等，即

$$\varepsilon = \frac{\gamma_c\beta}{\alpha} \times 100\% \tag{4-10}$$

$$\varepsilon = \frac{W_c\beta}{W_0\alpha} \times 100\% \tag{4-11}$$

$$\varepsilon = \frac{W_{c3}\beta_3 + W_{c4}\beta_4 + W_{c5}\beta_5}{(W_{c3}\beta_3 + W_{c4}\beta_4 + W_{c5}\beta_5) + (W_{t3}\vartheta_3 + W_{t4}\vartheta_4 + W_{t5}\vartheta_5)} \times 100\% \tag{4-12}$$

尾矿中金属的损失可按差值($100-\varepsilon$)计算。为了检查计算的差错,也可再按金属量校核。

有了平均原矿的指标,必要时,也可算出中矿的指标。计算中矿指标的原始数据为中矿5的产品质量 W_{m5} 和品位 β_{m5},要计算的是产率 γ_{m5} 和回收率 ε_{m5}。

$$\gamma_{m5}=\frac{W_{m5}}{W_0}\times 100\% \tag{4-13}$$

$$\varepsilon_{m5}=\frac{\gamma_{m5}\beta_{m5}}{\alpha}\times 100\% \tag{4-14}$$

计算中矿指标时,一定要记住中矿5只是一个实验的中矿,而不是第3、4、5个实验的"总中矿"。中矿3和中矿4还是存在的,只不过已在实验过程中用掉了。

3. 物料、仪器和试剂

浮选闭路流程实验所需的实验物料、仪器和试剂如表4-5所示。

表4-5　浮选闭路流程实验所需物料、仪器和试剂

序号	名称	序号	名称
1	赤铁矿矿石5 kg,500 g 1袋	6	烘箱1台
2	0.75 L单槽浮选机2台	7	油酸钠、碳酸钠
3	吸耳球3个、温度计3个	8	容量瓶2个、洗瓶3个
4	锥形球磨机1台	9	煤气加热盘3个
5	pH计1台	10	盆若干

4. 实验步骤

(1)设计好工艺流程,将所有需要的盆标上号,明确人员分工。

(2)将500 g矿样放入锥形球磨机中,在适宜磨矿浓度下磨矿一定时间,制备出适宜粒度的待选矿矿浆。

(3)将待选矿浆加温后放入单槽浮选机中,加适量热水,搅拌2 min后,加入pH调整剂调节pH值,搅拌3 min后加入一定用量的捕收剂,搅拌3 min。

(4)开启充气和刮泡装置进行浮选,浮选一定时间后,关闭充气和刮泡装置,获得粗选精矿和粗选尾矿。

(5)将粗选精矿加热后转移至另一台单槽浮选机中,加适量热水,添加适量浮选药剂后进行精选,获得精选精矿和精矿尾矿。

(6)将粗选尾矿加入适量热水和浮选药剂后再进行1次扫选,获得一扫精矿和一扫尾矿,一扫精矿备用,一扫尾矿加入浮选药剂后进行二次扫选,获得二扫精矿备用,二扫尾矿加入浮选药剂后进行3次扫选,获得三扫精矿和三扫尾矿备用。

(7)在粗选浮选机中加入第二个原矿矿样,同时加入一次精选的尾矿和一扫精矿,调节pH值后进行浮选,获得粗选精矿和粗选尾矿,粗选精矿转移到精选浮选机中进行扫选,获得一精精矿和一精尾矿,粗选尾矿加入二次扫选精矿后进行一次扫选,获得一扫精矿和一扫尾矿,一扫尾矿加入一扫精矿后进行二次扫选,获得二扫精矿和二扫尾矿,二扫尾矿进行三次扫选,获得三扫精矿和三扫尾矿。

(8)重复进行第3、4、5个原矿样的浮选实验,将获得的第3、4、5个精选精矿和三扫尾矿进行即时化验,分析是否达到数质量的平衡。

(9)将最后一个原矿样获得的各个中矿进行化验,即一精尾矿、一扫精矿、二扫精矿、三扫精矿,记入表4-6中,计算各产物产率和回收率,绘制数质量流程图。

5. 数据处理

将各产物质量和品位数据记入表4-6中,计算各产物产率和回收率,绘制数质量流程图。

表4-6 赤铁矿闭路浮选实验结果

产物名称	质量/g	产率/%	品位/%	回收率/%
第3个原矿样精矿				
第3个原矿样尾矿				
第4个原矿样精矿				
第4个原矿样尾矿				
第5个原矿样精矿				
第5个原矿样尾矿				
一精尾矿				
一扫精矿				
二扫精矿				
三扫精矿				
原矿				

根据表4-6的数据,反推计算出浮选工艺流程各产物的产率、品位和回收率,并绘制出浮选工艺数质量流程图,要求达到数量和质量的绝对平衡。

6. 思考题

(1)怎样分析判断闭路流程实验已经达到了数质量平衡?

(2)浮选闭路流程实验操作中要注意什么问题?

(3)闭路流程实验结果计算最终浮选指标的方法有哪些?

(4)浮选闭路流程实验的目的是什么?

三、任务评价

每个实训项目中的任务会以竞赛的形式进行评分,“理论实践要知道”任务各组分别出题互考互评,“浮选闭路流程实验操作”任务分组拍摄操作视频,并将视频上传至网络教学平台,待大家实操结束后,分组相互观看视频,查漏补缺,扬长避短,相互评分,评出“本组之星”,完成组间互评并评出“最佳小组”,将评分填入任务考核评价表(见表4-7)中。

表 4-7　任务考核评价表

<table>
<tr><td colspan="2">被考人</td><td></td><td colspan="3">考评时间</td><td></td></tr>
<tr><td colspan="2">考评内容</td><td colspan="5">浮选闭路流程实验</td></tr>
<tr><td colspan="2">考评指标</td><td>考评标准</td><td>分值</td><td>自我评价</td><td>组间互评</td><td>实际得分</td></tr>
<tr><td rowspan="5">专业知识技能掌握</td><td>理论实践要知道</td><td>掌握</td><td>10</td><td></td><td></td><td></td></tr>
<tr><td>浮选闭路流程实验操作的正确性</td><td>掌握</td><td>10</td><td></td><td></td><td></td></tr>
<tr><td>药剂配置的准确性</td><td>掌握</td><td>10</td><td></td><td></td><td></td></tr>
<tr><td>数据计算的准确性</td><td>掌握</td><td>10</td><td></td><td></td><td></td></tr>
<tr><td>实训报告的完整性</td><td>掌握</td><td>10</td><td></td><td></td><td></td></tr>
<tr><td rowspan="5">素质培养</td><td>出勤</td><td>按时到岗,学习准备就绪</td><td>10</td><td></td><td></td><td></td></tr>
<tr><td>道德自律</td><td>自觉遵守纪律,有责任心和荣誉感</td><td>10</td><td></td><td></td><td></td></tr>
<tr><td>学习态度</td><td>积极主动,不怕困难,勇于探索</td><td>10</td><td></td><td></td><td></td></tr>
<tr><td>团队分工合作</td><td>能融入集体,愿意接受任务并积极完成</td><td>10</td><td></td><td></td><td></td></tr>
<tr><td>好习惯养成</td><td>将实验器材分类、归位,并打扫卫生</td><td>10</td><td></td><td></td><td></td></tr>
<tr><td colspan="3">合　计</td><td>100</td><td></td><td></td><td></td></tr>
<tr><td colspan="2">本组之星</td><td colspan="3"></td><td colspan="2" rowspan="2">两项评选活动是为了激励学生的学习积极性</td></tr>
<tr><td colspan="2">最佳小组</td><td colspan="3"></td></tr>
<tr><td colspan="2">填表说明</td><td colspan="5">1. 实际得分=自我评价(40%)+组间互评(60%)。
2. 考评满分为 100 分,60 分以下为不及格,60~69 分为及格,70~79 分为中等,80~89 分为良好,90~100 分为优秀。
3.“本组之星”可以是本次实训活动中突出贡献者,也可以是进步最大者,同样可以是其他某一方面表现突出者。
4.“组间互评”由评审团讨论后为各组给予的最终评价。评审团由各组组长组成,当各组完成实训活动后,各组组长先组织本组内部进行商议,然后各组组长将意见带至评审团,评价各组整体工作情况,将各组互评分数填入其中,“最佳小组”是实际得分最高者</td></tr>
</table>

四、任务拓展

浮选新工艺:分支浮选工艺流程

分支浮选工艺流程,即分支串流流程,源于苏联,是近年来新兴的浮选工艺。所谓分支浮选,是基于提高入选矿石品位,即将入选矿浆流分支,并将其中一支的富集产物给入另一支的浮选作业,借以提高后一支的入选品位,从而达到改善选别过程及提高选矿指标的目的。其工艺流程如图 4-13 所示。

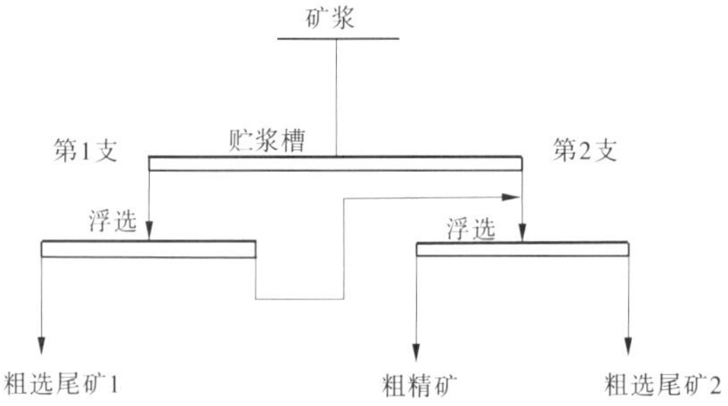

图 4-13　分支浮选工艺流程

由于分支浮选工艺用于选矿时生产稳定,操作方便,对原有流程的改造工程量小,投资少,无需复杂的技术条件,改建停产时间短,并可利用检修或无矿停产的间隙进行,因而我国许多选矿厂都采用了这种新工艺。该工艺尤其适用于因原矿品位降低或因采用预选或中间选别作业而导致浮选入选品位降低的脉金选矿厂。

如以我国宝山铜矿为例,该矿矿石为热液交代矽卡岩类型,含钼、铋、铜、铅、锌复杂多金属矿床。该矿采矿分支浮选工艺如图 4-14 所示。将第 1 支粗选的泡沫泵入第 2 支原矿搅拌桶,经过一段时间的试运转后发现,由于第 1 支泡沫的加入导致第 2 支浮选处理量增多,浮选时间相应缩短,第 2 支的尾矿中金属的损失量大大高于第 1 支的,而且第 1 支的泡沫产品无严格要求,因此可以得到较高的回收率,尾矿的金属损失小。为了平衡尾

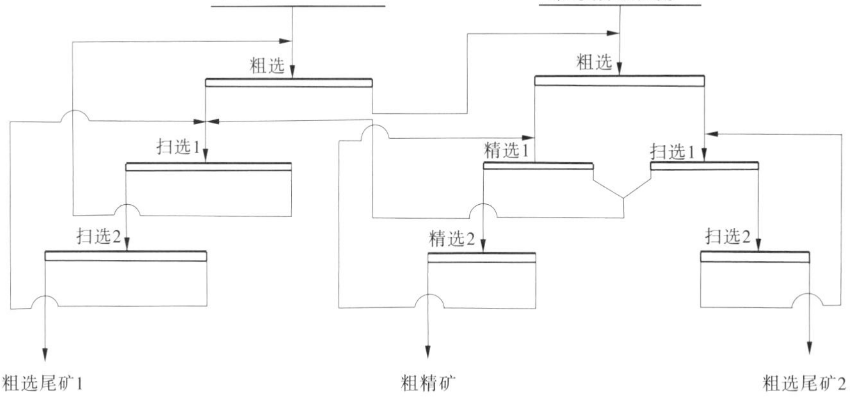

图 4-14　宝山铜矿粗选分支浮选工艺流程

矿，降低第 2 支的处理量，将第 2 支第 1 段扫选泡沫引入第 1 支的同名作业，得到了质量基本一致的尾矿。实验表明，分支浮选使用的药剂种类与原流程相同，加药方式、加药地点也无改变，但药剂用量比原来的要大幅度降低。在原矿中铜、钼品位下降较多的情况下，分支浮选所获得的技术经济指标均优于原浮选流程。

分支浮选工艺的特点如下所述：

(1)有利于提高选别指标。

①人为地提高了入选矿石的品位。

②各支浮选的粗精矿基本上由可浮性好的矿物组成，由此，当前一支的粗精矿并入后一支时，可以加快矿物的浮游速度，富化泡沫层，有利于提高粗精矿的品位和作业回收率，并可用较少的精选作业获得合格精矿，为实现早收、多收创造了条件。

③由于前一支的泡沫对后一支被浮矿物有一定的“负载”作用，而更有利于矿物的浮选，因而可以改善分选过程，提高选矿回收率。

④由于前一支泡沫的加入，后一支的被浮矿物量增加，矿浆离子组成发生变化，影响矿物的浮选。同时，由于前一支泡沫的加入，二次富集作用加强，难选矿物的离子、矿泥覆盖等有害影响相对减弱，从而提高分选指标。

(2)可降低药剂用量和能耗。

在分支浮选工艺中，前一支泡沫产品所带的过剩药剂进入后一支浮选可继续发挥作用，从而降低第二支的加药量。此外，分支浮选工艺流程结构合理，使精选次数和中矿循环量显著减少，从而节省浮选槽，达到降低能耗的目的。

(3)能够适应各种不同性质的矿石。根据国内外的实践，能够适应各种不同性质的矿石，如可用于低品位或高品位、可浮性差或性质复杂、单一或多金属矿石的选别等，均能获得较好的经济技术指标和效益。因而，该工艺也能适应各类不同性质的含金矿石。

拓展小知识

赤铁矿

赤铁矿就是氧化铁，它又重又硬。赤铁矿含铁量高达 70% 并且可以大量产出，因而是最重要的铁矿石。赤铁矿的名字源于它发出的暗红色。赤铁矿有几种形态，人们根据它们的不同形态，又给它们起了不同的名字。例如：亮闪闪钢灰色晶体叫镜铁矿，鳞片状的叫云母赤铁矿，松软土状的叫赭石，很多球状聚在一起的叫肾铁矿，纤维状的叫笔铁矿等。

不同形态的赤铁矿

项目巩固

[**巩固练习题**]如图 4-15 所示铜硫分离浮选流程,按工业实验结果与现场生产指标分析,选用指标如下:$q_4 = 45.5$ t/h;$\beta_4 = 0.900\%$;$\beta_{4'} = 8.980\%$;$\gamma_4 = 100.00\%$;$\varepsilon_4 = 100.00\%$;$\varepsilon_{4'} = 100.00\%$;$q_n$ 是 Cu 的矿量;β_n 是 Cu 的品位;$\beta_{n'}$是 S 的品位,ε_n 是 Cu 的回收率;$\varepsilon_{n'}$是 S 的回收率。

$\beta_7 = 6.854\%$;$\beta_8 = 0.162\%$;$\beta_{11} = 12.653\%$;$\beta_{12} = 0.668\%$;$\beta_{13} = 0.831\%$;$\beta_{14} = 0.120\%$;$\beta_{16} = 17.190\%$;$\beta_{17} = 2.866\%$;$\beta_{18} = 0.915\%$;$\beta_{19} = 0.100\%$;$\beta_{7'} = 21.999\%$;$\beta_{11'} = 34.507\%$;$\beta_{16'} = 38.380\%$;$\beta_{13'} = 13.563\%$;$\beta_{18'}20.641\%$。根据已知数据,计算出表格中相应的指标。

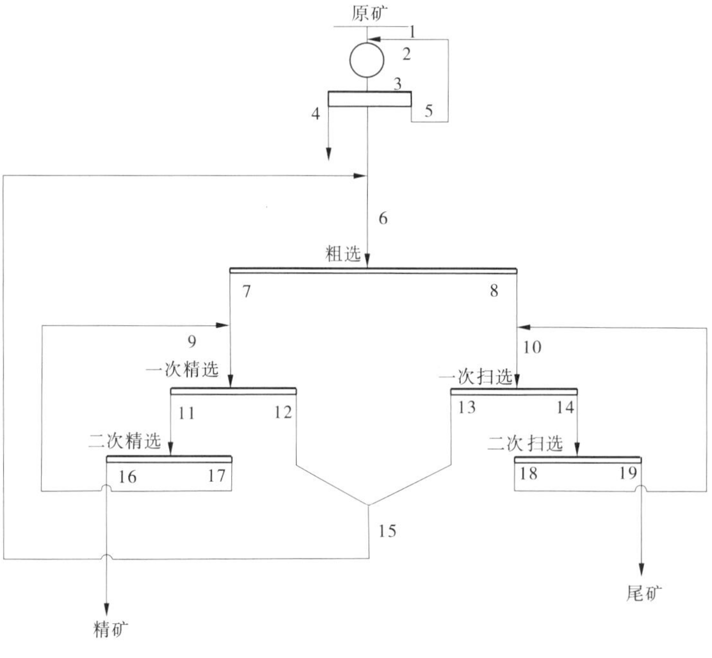

图 4-15 铜硫分离浮选工艺流程

计算:将答案写入表 4-8。

表 4-8 计算表格

γ_6		γ_7		γ_8		γ_9	
γ_{10}		γ_{11}		γ_{12}		γ_{13}	
γ_{14}		γ_{15}		γ_{16}		γ_{17}	
γ_{18}		γ_{19}		ε_6		ε_7	
ε_8		ε_9		ε_{10}		ε_{11}	
ε_{12}		ε_{13}		ε_{14}		ε_{15}	

续表 4-8

ε_{16}		ε_{17}		ε_{18}		ε_{19}	
β_6		β_9		β_{10}		β_{15}	
q_6		q_8		q_9		q_{12}	
q_{13}		q_{14}		q_{18}		q_{19}	

项目五 浮选拓展实验

项目导读

在微细粒矿浮选实践中,常应用物理或化学的方法来增大微粒矿物的外观粒径,提高待分选矿物的浮选速率和选择性,根据这一原理发展起来的新工艺主要有:

(1)选择絮凝浮选。采用絮凝剂选择性絮凝微粒的目的矿物或脉石矿泥,然后用浮选法分离。此法已用于细粒赤铁矿的浮选。

(2)减小气泡粒径,实现微泡浮选。在一定的条件下,减小气泡粒径,不仅可以增加气-液界面,而且可增加微粒的碰撞概率和黏附概率,有利于微粒矿物的浮选。

主要的浮选工艺有:

(1)真空浮选。采用降压装置,从溶液中析出微泡的真空浮选法,气泡粒径一般为0.1~0.5 mm。研究证明,从水中析出微泡浮选细粒的重晶石、萤石、石英等是有效的。其他条件相同时,用常规浮选法,重晶石精矿的品位为54.4%,回收率为30.6%,而用真空浮选品位可提高到53.6%~63.6%,相应的回收率为52.9%~45.7%。

(2)电解浮选。利用电解水的方法获得微泡,一般气泡粒径为0.02~0.06 mm,用于浮选细粒锡石时,单用电解氢气泡浮选,粗选回收率比常规浮选显著提高,由35.5%提高到79.5%,同时品位提高0.8%。此外,近年来还开展了其他新工艺的研究,如控制分散浮选、分支浮选等用于铁矿、黑钨细泥浮选,均取得良好效果。

(3)载体浮选。利用一般浮选粒级的矿粒作为载体,使细粒罩盖于载体上,然后与载体一起浮出。载体可用同类载体(矿物),也可用异类载体(矿物)。

(4)团聚浮选,又称乳化浮选。细粒矿物经捕收剂处理,并在中性油作用下,形成带矿的油状泡沫。此法已用于选别细粒的锰矿、钛铁矿、磷灰石等。其操作工艺条件分为两类:一类是捕收剂与中性油先配成乳状液加入;另一类是在高浓度矿浆(70%固体)中,先后加入中性油及捕收剂,强烈搅拌。

本项目主要在实验室开展真空浮选实验、电解浮选实验、选择性絮凝分选实验研究,使学生掌握相应的浮选实验方法,在对今后工作的浮选实践中的微细粒矿进行浮选时给予一定的参考与借鉴。

项目目标

知识目标

1. 掌握真空浮选实验、电解浮选实验及选择性絮凝分选实验的基本原理。
2. 掌握实验设备的操作方法。
3. 掌握浮选药剂的配制与使用方法及药剂与矿物的作用机制。
4. 通过理论知识和实践操作的对比，深入理解浮选实验与实际生产的关系。

能力目标

1. 学会应用所学的基本知识来解决实验中实际问题的能力。
2. 培养独立思考、认真负责、对实验结果进行处理与分析的能力。
3. 熟练掌握选矿实验技术与方法，能够熟练操作选矿实验仪器与设备。
4. 培养自设计实验，对实验操作进行优化，对实验内容进行创新探索的能力。
5. 培养精益求精，独具匠心的选矿工匠精神。

项目概览

- 浮选拓展实验
  - 任务一　选择性絮凝分选实验
    - 理论实践要知道
      - 理论链接:絮凝及絮凝剂
      - 实践链接一:选矿厂实际生产小知识
        - 絮凝剂在有色金属选矿中的应用
      - 实践链接二:选矿厂案例分享
        - 某金矿选矿厂
    - 选择性絮凝分选实验操作
    - 任务评价
      - 本组之星
      - 最佳小组
    - 任务拓展
      - 浮选新工艺：选择性絮凝分选工艺流程
      - 拓展小知识：“矿液面下降”和“跑槽”
  - 任务二　真空浮选实验
    - 理论实践要知道
      - 理论链接:细粒对浮选的影响
      - 实践链接一:选矿厂实际生产小知识
        - 选矿厂测定矿浆细度的方法
      - 实践链接二:选矿厂案例分享
        - 某金矿选矿厂
    - 真空浮选实验操作
    - 任务评价
      - 本组之星
      - 最佳小组
    - 任务拓展
      - 浮选新工艺：分步浮选工艺流程
      - 拓展小知识：重晶石
  - 任务三　电解浮选实验
    - 理论实践要知道
      - 理论链接:电解法
      - 实践链接一:选矿厂实际生产小知识
        - 细粒浮选工艺措施
      - 实践链接二:选矿厂案例分享
        - 某金矿选矿厂
    - 电解浮选实验操作
    - 任务评价
      - 本组之星
      - 最佳小组
    - 任务拓展
      - 浮选新工艺:铝电解槽浮选法工艺
      - 拓展小知识:铝矿石
  - 浮选是利用矿物界面性质的差异来分离、富集、精制矿物的一种分选工艺。

任务一　选择性絮凝分选实验

一、任务描述

本任务的要求是通过“理论实践要知道”的学习，拓宽自己的理论知识和实践知识领域，然后按要求进行选择性絮凝分选实验研究。

二、任务实施

（一）理论实践要知道

理论链接：絮凝及絮凝剂

1. 絮凝的定义

絮凝是指使水或液体中悬浮微粒集聚变大，或形成絮团，从而加快粒子的聚沉，达到固液分离的目的，这一现象或操作称作絮凝。

2. 絮凝机制

水质系是由水和杂质组成的，水中杂质按其本性可分为无机物、有机物和微生物三类。按其颗粒物的大小及与水之间的相互关系可分为悬浮物、胶体物和溶解物三类。

絮凝剂中的有机高分子的作用机制不仅与电荷作用有关，而且与其本身的长链特性有密切的关系。这种作用可以用架桥机制来解释。长链的高分子一部分被吸附在胶体颗粒表面，而另一部分则被吸附在另一个颗粒表面，并可能有更多的胶体粒子吸附在一个高分子的长链上，这好像架桥一样把这些胶体颗粒连接起来，从而容易发生絮凝。

根据上述所说的电荷基团和污水、污泥的电荷中和原理，原本悬浮在水中的固体悬浮物被絮凝剂吸附；又因有机高分子絮凝剂为长链的线性高分子，即每一个线性分子上都附着成千上万的电荷，随着不断地电荷中和吸附，絮凝在一起的悬浮固体形成一个又一个矾花，随着矾花的逐渐变大，根据重力学原理逐渐沉降，从而使固体悬浮物从水中分离出来。

3. 絮凝剂的定义

促使矿浆中细粒联合变成较大团粒的药剂称为絮凝剂。

4. 絮凝剂的分类

絮凝剂按其作用机制及药剂结构特性，可以大致分为以下四种类型：

（1）高分子有机絮凝剂。目前已经试用作为选择性絮凝剂的有聚丙烯腈的衍生物（聚丙烯酰胺、水解聚丙烯酰胺、非离子型聚丙烯酰胺等）、聚氧乙烯、羧甲基纤维素、木薯淀粉、玉米淀粉、海藻酸铵、纤维素黄药、腐殖酸盐等。用选择性絮凝法处理的矿物很多，如氧化铁矿物、方铅矿、锡石、重晶石、一水铝石、硅孔雀石等。

图 5-1　聚丙烯酰胺

实践中最常用的高分子有机絮凝剂是聚丙烯酰胺（3$^{\#}$凝聚剂）（见图 5-1）。它属于非离子型絮凝剂，是以丙烯腈为原料经水解聚合而成的。

(2)天然高分子化合物。石青粉、白胶粉、芭蕉芋淀粉等天然高分子化合物,都可以用作选择性絮凝剂。

(3)无机凝结剂。用作凝结剂的无机物,有时称为助沉剂。这类药剂常用的为无机电解质,主要的有:

①无机盐类,如硫酸铝、硫酸铁、硫酸亚铁、铝酸钠、氯化铁、氯化锌、四氯化钛等。

②酸类,如硫酸、盐酸等。

③碱类,如氢氧化钙、氧化钙等。

(4)面体混合物。如高岭土、膨润土、酸性白土和活性二氧化硅。

实践链接一:选矿厂实际生产小知识

絮凝剂在有色金属选矿中的应用

矿石中有用矿物常常存在于大量的脉石中。为了使有用矿物与脉石分离,必须将矿石磨得足够细,采用重选、磁选、浮选等技术将其尽量分开。在许多湿法冶炼过程中,有用组分与杂质分离经常面临沉淀产生慢、悬浮物不沉降和渣难过滤等问题。特别是处理某些含泥物质多或在过程中产生某些胶体物的矿石,固液分离的困难有时会导致流程无法进行,而恰当地选择及使用性能优良的絮凝剂可以很好地解决以上问题。

目前,国内外使用的絮凝剂多种多样,根据其化学成分的不同,可以分为无机絮凝剂、有机絮凝剂和微生物絮凝剂三类。

无机絮凝剂虽然价格低廉,但效果较差,特别是在某些冶炼过程中添加,实质上是加入了杂质,因此应用较少。

有机高分子絮凝剂较无机絮凝剂具有产品稳定性好、吸附架桥能力强、絮凝效果好、投料量少、絮凝速度快、产生的污泥量少、形成的絮体过滤性好等优点,因而得到越来越广泛的应用。

从低分子到高分子,从单一型到复合型,随着对絮凝剂不断地了解和研究,絮凝剂的优越性得到了显示,并有了很广泛的应用。在有色金属选矿中,絮凝剂的使用取得了显著效果,其应用主要体现在以下几个方面:

(1)有色金属选矿废水的处理。

在矿业生产中产生大量的有色金属选矿废水,这些废水具有排放量大、成分复杂、悬浮物含量高、有毒有害成分较多而浓度较低等特点,若不及时对有色金属选矿废水进行处理,势必对矿区周边环境产生危害,也造成了水资源的极大浪费。

(2)细颗粒有用矿物的选择性絮凝。

选择性絮凝是向处于良好分散状态的矿浆中添加适量的选择性絮凝剂,使目的矿物选择性絮凝成团,而脉石矿物仍处于分散状态。选择性絮凝工艺是有效解决微细物料分选的工艺。

(3)尾矿浆的处理。

随着原矿处理量的逐年增加,有色金属选矿厂排出的尾矿量也逐年增加,尾矿的低浓度输送导致经营费用越来越高。提高尾矿的排放浓度是各有色金属选矿厂亟待解决的问题,采用絮凝剂是使尾矿达到高浓度浓缩的高效且实用的方法。

实践链接二：选矿厂案例分享

某金矿选矿厂简介

1. 金矿矿石性质

某金矿选矿厂矿区(见图5-2)属裂隙充填含金石英脉矿床。矿体主要由含金石英脉、含金黄铁矿石英脉和含金黄铁绢英岩化花岗岩等组成。矿石中主要金属矿物有黄铁矿、黄铜矿、银金矿和自然金等。脉石矿物主要有石英、斜长石、方解石、绢云母等。

图5-2　某金矿选矿厂矿区

银金矿和自然金多呈细粒及点滴状产出，分布在黄铁矿、黄铜矿和石英的孔隙和边缘处。矿石密度为2.75 t/m^3。

2. 金矿工艺流程

某金矿采用浮选-氰化联合流程。浮选获得金精矿，精矿再磨后进行氰化浸出、逆流洗涤、金泥熔炼，合质金电解后获得最终产品——金锭和银锭，以及副产硫精矿(氰化浸出渣)。工艺流程见图5-3。

(二)选择性絮凝分选实验操作

1. 目的要求

(1)了解选择性絮凝的目的和分选原理。

(2)掌握选择性絮凝分选的操作过程。

2. 原理

选择性絮凝是指在一个含有两种或两种以上矿物的稳定悬浮矿浆中，加入某种高聚物絮凝剂后，由于矿物的表面性质不同，絮凝剂与某一矿物表面发生选择性吸附，通过桥联作用生成絮凝物而下沉，其他矿物组分仍然呈悬浮体分散在矿浆中，脱除悬浮体，即可达到矿物分离的目的。

近年来，选择性絮凝浮选法作为处理细粒物料的浮选技术，受到了国内外的普遍重视。其实质是，微粒有用矿物颗粒在絮凝剂分子中极性基的桥连(见图5-4)下发生絮凝，而不能絮凝的脉石矿物则呈悬浮状态被分离出来，沉淀物再用浮选法加以回收。

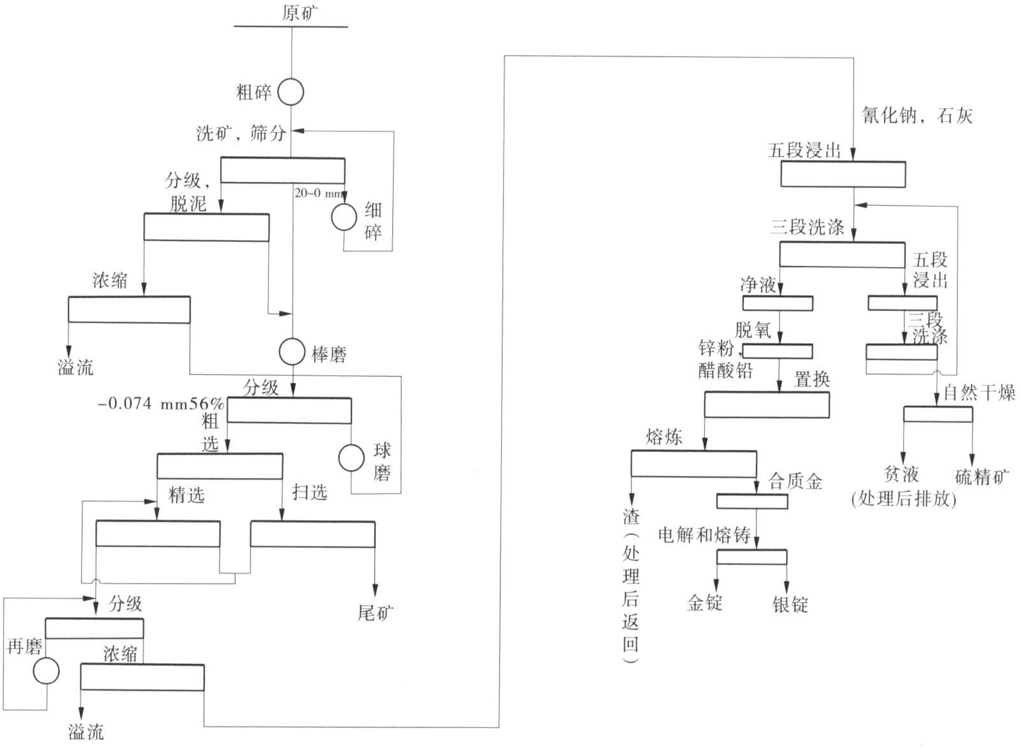

图 5-3　某金矿选矿厂工艺流程

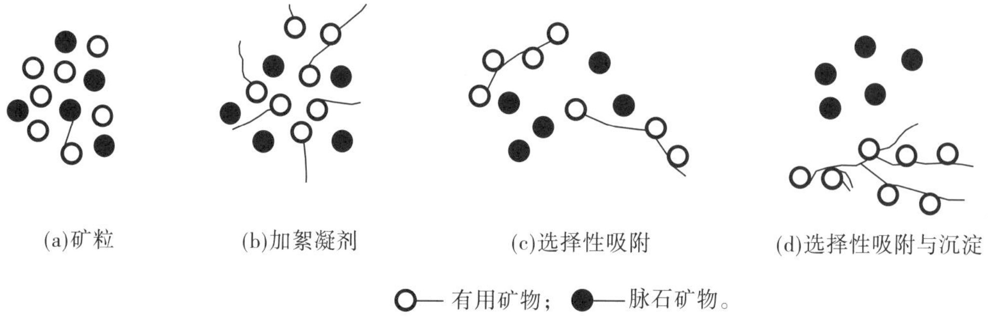

图 5-4　选择性絮凝原理

絮凝剂与矿物表面的作用，与泡沫浮选相似。在实验中，加入调整剂用以活化或抑制絮凝剂与矿物的作用，调整剂的作用与浮选类似。

选择性絮凝实验包括三个步骤，即分散、选择性絮凝和脱除悬浮物。

(1)分散。絮凝之前，首先要添加分散剂，防止具有相反符号电荷的矿粒发生凝结，使矿粒呈悬浮分散状态。目前使用较多的分散剂是氢氧化钠、碳酸钠、水玻璃、六偏磷酸钠等。分散剂通常是加入磨矿机中(如果试样要进行磨矿)，磨矿后的矿浆转移至玻璃容器中，并稀释至5%~20%浓度。分散剂种类、用量和矿浆浓度，通过实验确定。

(2)选择性絮凝。矿浆分散后，须加入选择性絮凝剂。对矿物有选择性絮凝作用的絮凝剂有石青粉、腐殖酸钠、橡子粉、芭蕉芋淀粉、木薯淀粉、经过水解的聚丙烯酰胺等,通过选择性絮凝剂与矿粒表面的桥连作用,使某一组分形成絮团下沉,而其他组分仍呈悬浮状态。当絮凝剂对欲分离的矿物的作用缺乏选择性时,往往如同浮选一样,须加入活化或抑制絮凝作用的调整剂,以调整絮凝剂的聚合度大小、离子化程度和吸附机制,或调整矿粒的表面性质,如矿物的表面电位等。加入调整剂和絮凝剂的类型、用量和调浆的搅拌速度,通过实验确定。

(3)脱除悬浮物。矿浆中的絮团下沉后,用倾析法或虹吸法脱除悬浮体,使絮团与悬浮物分离。在絮团形成和下沉过程中,具有 80%~90%空隙的絮团中夹带一部分不希望絮凝的矿物组分。若絮团是预选的有用矿物,为排除絮团中被包裹的杂质,须将絮团进行"再分散—再絮凝"处理。若絮团是脉石矿物,为减少有用矿物在絮团中的损失,亦须进行"再分散—再絮凝"处理。为节约新鲜水和药剂用量,视具体情况,可将第二次以后脱除的水返回利用。

选择性絮凝既可单独作为分选工艺,亦可作为其他机械选矿方法选别作业的预先脱泥作业。

选择性絮凝实验的目的,是确定选择性絮凝工艺流程、各作业最佳工艺条件、可能获得的最终指标。

3. 物料、仪器和试剂

选择性絮凝分选实验所需的实验物料、仪器和试剂如表 5-1 所示。

表 5-1　实验所需物料、仪器和试剂

序号	名称	序号	名称
1	赤铁矿石 5 kg	6	锥形球磨机 1 台
2	可调速的电动搅拌器 1 台	7	洗瓶 1 个
3	3~5 L 的玻璃或有机玻璃容器 1 个	8	容量瓶 2 个
4	虹吸管 1 根	9	吸耳球 1 个
5	pH 计 1 台	10	淀粉、碳酸钠

4. 实验步骤

(1)配制一定浓度的淀粉溶液。

配制淀粉溶液的注意事项:

实验室溶液或试剂的配制通常都是以水作为溶剂对溶质溶解配制即可,但是配制淀粉试剂时就要注意了,如果仍然用冷的蒸馏水溶解淀粉就必定失败,配制淀粉试剂的正确操作如下:

①准确称取一定量淀粉于 1#烧杯中待用。

②另取 2#烧杯装一定量的蒸馏水用电阻炉烧至沸腾。

③将沸腾的蒸馏水加入 1#烧杯中,边加入边用玻璃棒搅拌。

④将溶解好的淀粉溶液冷却后引流入容量瓶进行定容。

⑤将定容好的淀粉溶液倒入试剂瓶中待用。

(2)将一定量的矿石放入锥形球磨机中,在球磨机中加入适量分散剂碳酸钠,磨矿浓度 70%左右,磨一定时间后,取出矿浆。

(3)将磨好的矿浆转移至玻璃容器中,加水稀释至要求的矿浆浓度,一般为 5%~20%,然后加入适量絮凝剂,开启搅拌机进行搅拌。

(4)调浆结束,停止搅拌,絮团开始沉降。沉降初期,容器内可清晰见到 3 层,即上层悬浮液、中层悬浮液与絮凝体的混合物、下层絮凝物沉淀。随着时间的增加,中间层逐渐缩小,直至消失。

(5)达到指定的沉降时间后,即矿浆明显分为悬浮液和沉砂两层时,将虹吸管置入矿浆中,虹吸管口一般离絮团沉降层 10~15 mm,将上层悬浮液吸出。

(6)为除去絮团中夹带的杂质,可加水稀释,反复脱除悬浮液,此时加入的药量可酌量减少,例如为第一次的 1/2 或 1/3。

(7)将下层悬浮液脱水、干燥、称重、化验元素品位。

5. 数据处理

将数据记入表 5-2 中,并计算选择性絮凝分选的回收率,分析实验结果。

表 5-2　选择性絮凝分选实验结果

产品名称	质量/g	产率/g	铁品位/%	铁回收率/%
上层悬浮物				
下层悬浮液				
原矿				

6. 思考题

(1)选择性絮凝分选的主要步骤是什么?

(2)选择性絮凝分选的原理是什么?

三、任务评价

每个实训项目中的任务会以竞赛的形式进行评分，“理论实践要知道”任务各组分别出题互考互评，“选择性絮凝分选实验操作”任务分组拍摄操作视频，并将视频上传至网络教学平台，待大家实操结束后，分组相互观看视频，查漏补缺，扬长避短，相互评分，评出本组之星，完成组间互评并评出“最佳小组”，将评分填入任务考核评价表5-3中。

表5-3　任务考核评价表

被考人			考评时间			
考评内容		选择性絮凝分选实验				
考评指标		考评标准	分值	自我评价	组间互评	实际得分
专业知识技能掌握	理论实践要知道	掌握	10			
	选择性絮凝分选实验操作的正确性	掌握	10			
	药剂配置的准确性	掌握	10			
	数据计算的准确性	掌握	10			
	实训报告的完整性	掌握	10			
素质培养	出勤	按时到岗，学习准备就绪	10			
	道德自律	自觉遵守纪律，有责任心和荣誉感	10			
	学习态度	积极主动，不怕困难，勇于探索	10			
	团队分工合作	能融入集体，愿意接受任务并积极完成	10			
	好习惯养成	将实验器材分类、归位，并打扫卫生	10			
合计			100			

续表 5-3

<table>
<tr><td>被考人</td><td></td><td>考评时间</td><td></td></tr>
<tr><td>本组之星</td><td colspan="2"></td><td rowspan="2">两项评选活动是为了激励学生的学习积极性</td></tr>
<tr><td>最佳小组</td><td colspan="2"></td></tr>
<tr><td>填表说明</td><td colspan="3">1. 实际得分=自我评价(40%)+组间互评(60%)。
2. 考评满分为 100 分,60 分以下为不及格,60~69 分为及格,70~79 分为中等,80~89 分为良好,90~100 分为优秀。
3. “本组之星”可以是本次实训活动中突出贡献者,也可以是进步最大者,同样可以是其他某一方面表现突出者。
4. “组间互评”由评审团讨论后为各组给予的最终评价。评审团由各组组长组成,当各组完成实训活动后,各组组长先组织本组内部进行商议,然后各组组长将意见带至评审团,评价各组整体工作情况,将各组互评分数填入其中,“最佳小组”是实际得分最高者</td></tr>
</table>

四、任务拓展

浮选新工艺:选择性絮凝浮选工艺流程

选择性高分子絮凝浮选是从稳定分散的悬浮液中选择性絮凝其中某一组分,使之与其他仍处于分散状态的组分分离,从而达到分选的目的。选择性高分子絮凝分选成功的关键在于选择合适的絮凝剂和调节矿浆的物理化学性质,以使药剂与矿物表面的作用具有一定的专属性。选择性絮凝过程可分为几个阶段,首先使悬浮液中的固体颗粒充分而稳定地分散,加入絮凝剂后,絮凝剂选择性地吸附在一部分颗粒表面,使其形成絮团,最终与另一部分仍处于稳定分散状态的颗粒分离。

世界上第一个应用选择性絮凝—脱泥—浮选工艺的是蒂尔登(tilden)选矿厂。该厂处理难选细粒嵌布的非磁性铁燧岩,其主要铁矿物为赤铁矿和假象赤铁矿,脉石矿物主要是石英、燧石和其他硅酸盐矿物。其选择性絮凝浮选工艺流程如图 5-5 所示。

该矿矿石中铁矿物平均嵌布粒度为 10~25 mm,原矿磨至-25 mm(500 网目)85%,才能达到充分解离。原矿铁品位 36. 6%,$SiO_2$46. 6%,可获铁品位 65%~66%、铁回收率 70%~75%的铁精矿。工艺过程选用玉米淀粉为絮凝剂,用氢氧化钠、聚磷酸钠作为调整分散剂,加在磨矿机中,矿浆 pH 值为 11。苛性淀粉能有效地同时对氧化铁矿物起选择性絮凝作用及抑制作用。

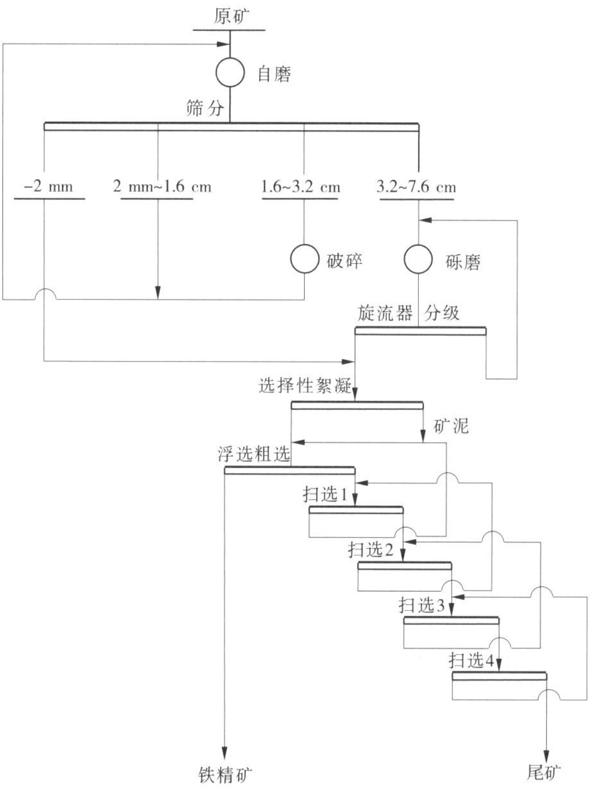

图 5-5　蒂尔登选矿厂铁矿选择性絮凝浮选工艺流程

拓展小知识

“矿液面下落”和“跑槽”

由于某些因素的影响，浮选工艺过程急剧变化，从而导致泡沫层厚度及泡沫刮出量异常，表现出以下两种极端的现象：“矿液面下落”，浮选机刮板根本刮不出泡沫；“跑槽”，大量矿浆和泡沫外溢，造成大量的产品损失。

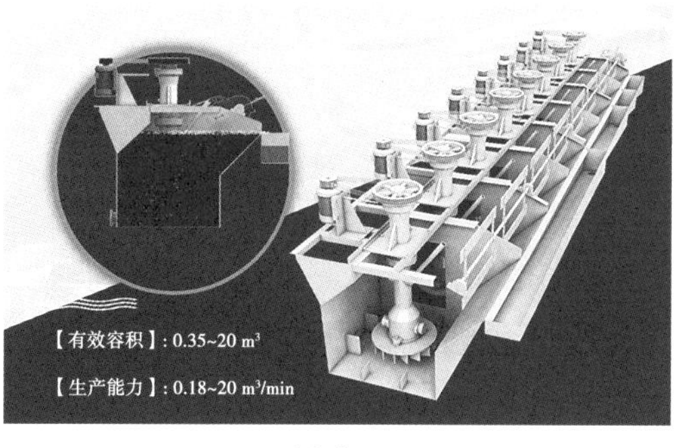

浮选机

任务二　真空浮选实验

一、任务描述

本任务的要求是通过“理论实践要知道”的学习，拓宽自己的理论知识和实践知识领域，然后按要求进行真空浮选实验研究。

二、任务实施

（一）理论实践要知道

理论链接：细粒对浮选的影响

细粒通常是指小于 18 μm 或小于 10 μm 的矿泥。由于细粒级矿粒（矿泥）具有质量小、比表面积大等特点，由此引起矿粒在调浆和浮选过程中的一系列特殊行为。

从微粒与微粒的作用看，由于微粒表面能显著增强，在一定条件下，不同矿物微粒之间容易发生互凝作用而形成非选择性聚集，微粒易于黏着在粗粒表面形成矿泥罩盖。从微粒与介质的作用看，微粒具有大的比表面积和表面能，因此具有较高的药剂吸附能力，吸附选择性差，表面溶解度增大，使矿浆“难免离子”增加，质量小易被水流、机械挟带和泡沫机械挟带。从微粒与气泡的作用看，由于接触效率及黏着效率降低，气泡对矿粒的捕获率下降，同时产生气泡的矿泥“装甲”现象，影响气泡的运载量。

上述种种行为，均是导致细粒浮选速度变慢、选择性变坏、回收率降低、浮选指标明显恶化的主要原因。为减轻和防止矿泥的有害影响和强化细粒浮选，近代浮选实践中常采取下列工艺措施：

（1）脱泥。这是一种根除矿泥影响的办法。分级脱泥是最常用的方法，如在浮选前用水力旋流器分出某一粒级的矿泥，或将其废弃或将矿泥和粗砂分别处理，即进行所谓的泥沙分选，对于一些易浮的矿泥，也可在浮选前加少量起泡剂预先浮选脱除。

（2）添加分散剂。将矿泥充分分散可以消除矿泥覆盖现象和微粒间发生无选择性互凝的有害作用，常用的矿泥分散剂有水玻璃、碳酸钠、六偏磷酸钠等。

（3）分批加药。将捕收剂分段分批添加，既可保持矿浆中药剂的有效浓度，又可提高浮选过程的选择性。

（4）降低浮选的矿浆浓度。一方面可以减少矿泥污染精矿泡沫，另一方面也可降低矿浆黏度。

（5）选用对微粒矿物具有化学吸附或螯合作用的捕收剂，以利于提高浮选过程的选择性。

（6）应用物理的或化学的方法，增大微粒矿物的外观粒径，提高待分选矿物的浮选速率和选择性。近代根据这一原理发展起来的新工艺主要有：

①选择絮凝浮选。采用絮凝剂选择性絮凝微粒的目的矿物或脉石矿泥，然后用浮选

法分离。此法已用于细粒赤铁矿的浮选(蒂尔登选厂)。

②载体浮选。利用一般浮选粒级的矿粒作载体,使细粒罩盖在载体上,然后与载体一起浮出。载体可用同类载体(矿物),也可用异类载体(矿物)。

③团聚浮选又称乳化浮选,细粒矿物经捕收剂处理,在中性油作用下,形成带矿的油状泡沫。此法已用于选别细粒的锰矿、钛铁矿、磷灰石等。其操作工艺条件分为两类:一类是捕收剂与中性油先配成乳状液加入;另一类是在高浓度矿浆中(70%固体),先后加入中性油及捕收剂,强烈搅拌。

④减小气泡粒径,实现微泡浮选。在一定条件下,减小气泡粒径,不仅可以增加气-液界面,同时可增加微粒的碰撞概率和黏附概率,有利于微粒矿物的浮选。

主要的浮选工艺有:

(1)真空浮选。采用降压装置,从溶液中析出微泡的真空浮选法,气泡粒径一般为0.1~0.5 mm。研究证明,从水中析出微泡浮选细粒的重晶石、萤石、石英等是有效的。其他条件相同时,用常规浮选法,重晶石精矿的品位为54.4%,回收率为30.6%,而用真空浮选品位可提高到53.6%~63.6%,相应的回收率为45.7%~52.9%。

(2)电解浮选。利用电解水的方法获得微泡,一般气泡粒径为0.02~0.06 mm,用于浮选细粒锡石时,单用电解氢气泡浮选,粗选回收率比常规浮选显著提高,由35.5%提高到79.5%,同时品位提高0.8%。此外,近年来还开展了其他新工艺的研究,如控制分散浮选、分支浮选等用于铁矿、黑钨细泥浮选,均取得良好效果。

实践链接一:选矿厂实际生产小知识

细度是磨矿分级过程的操作指标,生产中需要经常测定磨机排矿和分级溢流及沉砂(或返砂)的细度,以便及时调整操作。

选矿厂常用的快速筛析法,较为方便。方法是用容积为V(mL)、质量为P(g)的浓度壶,先装满待测矿浆,称出矿浆和壶的总重为G(g)后,逐渐而缓慢地把矿浆倒入半浸在水中的检查筛上(检查筛的筛孔,一般为200目筛或分级粒度界限的大小),并不断摇动筛网和换水,直到筛下水清净,然后将筛上物妥善地全部装入原浓度壶,并加水至原来装矿浆的同一刻度处,再称其总重为G_1(g),设筛上物百分数为X,筛下物百分数为Y,则有

$$X = \left(\frac{G_1 - P - V}{G - P - V}\right) \times 100\%$$

$$Y = \left[1 - \left(\frac{G_1 - P - V}{G - P - V}\right)\right] \times 100\%$$

或

$$Y = 100 - X$$

应当指出,这种计算方法是假定筛上物与筛下物的比例相等,若两者比例不同,则是有一定误差的。

另外,在实际工作中,为了方便,因为所用浓度壶一定(P和V),可以将不同G和G_1计算出相应的X值和Y的值后制成表,经快速筛析后,称得G和G_1,即可查表得知X值和Y值。

实践链接二：选矿厂案例分享

某金矿选矿厂简介

某黄金工业有限公司成立于2000年，2007年建厂，选厂设计规模为日处理金矿石400 t，选矿工艺流程采用单一浮选工艺。后期经多次改造扩建，日处理量可达1 250 t，2020年4月17日完成选矿工艺提产扩能改造，现在选矿厂生产规模为2 000 t，磨矿细度达60%~65%（-200目）。

磨矿与浮选：磨矿分级采用两段两闭路磨矿分级工艺。碎矿最终产品经粉矿仓分别给入由QMG-2430与FLG-20螺旋式分级机、QMG-2136与FLG-20螺旋式分级机以及QMG-2445与FX350水力旋流器构成的一段闭路磨矿机组；分级机溢流以及FX350水力旋流器溢流合并经渣浆泵（型号为150ZJ-I-50）泵入FX350-GX-S1×3水力旋流器组进行分级，分级沉砂进入QMY-3245球磨机再磨，经旋流器组分级后给入浮选前的φ3 m搅拌槽调浆。浮选作业采用一次粗选、二次扫选、二次精选流程配置模式，选矿工艺流程和设备形象联系流程如图5-6、图5-7所示，最终得到品位为35%左右的合格金精矿，金的回收率在90%以上。

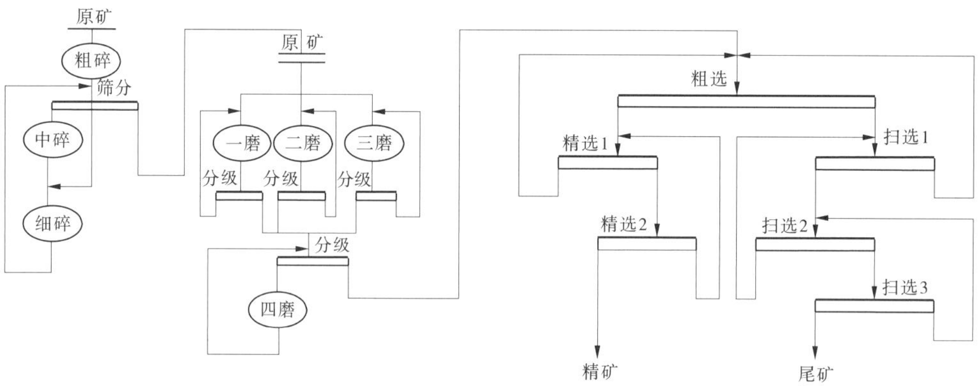

图5-6 某金矿选矿厂选矿工艺流程

(二)真空浮选实验操作

1. 目的要求

(1)了解真空浮选的主要方法和原理。

(2)掌握真空浮选的主要实验方法。

2. 原理

在一定的条件下，减小气泡直径可以增加气-液界面的面积，强化微粒与气泡的碰撞与黏附，提高浮选速度，对微细粒矿物的浮选有利。目前，微泡浮选的主要工艺有真空浮选和电解浮选。

真空浮选又称减压浮选，采用降压装置，利用减压方法使溶于水中的气体从水中析出，从潜液中析出微泡，气泡粒径一般为0.1~0.5 mm。研究证明，从水中析出微泡浮选细粒的重晶石、萤石、石英等是有效的。减压浮选适于有臭气、有害气体挥发的浮选过程。缺点是发泡量受到限制，需间断操作。

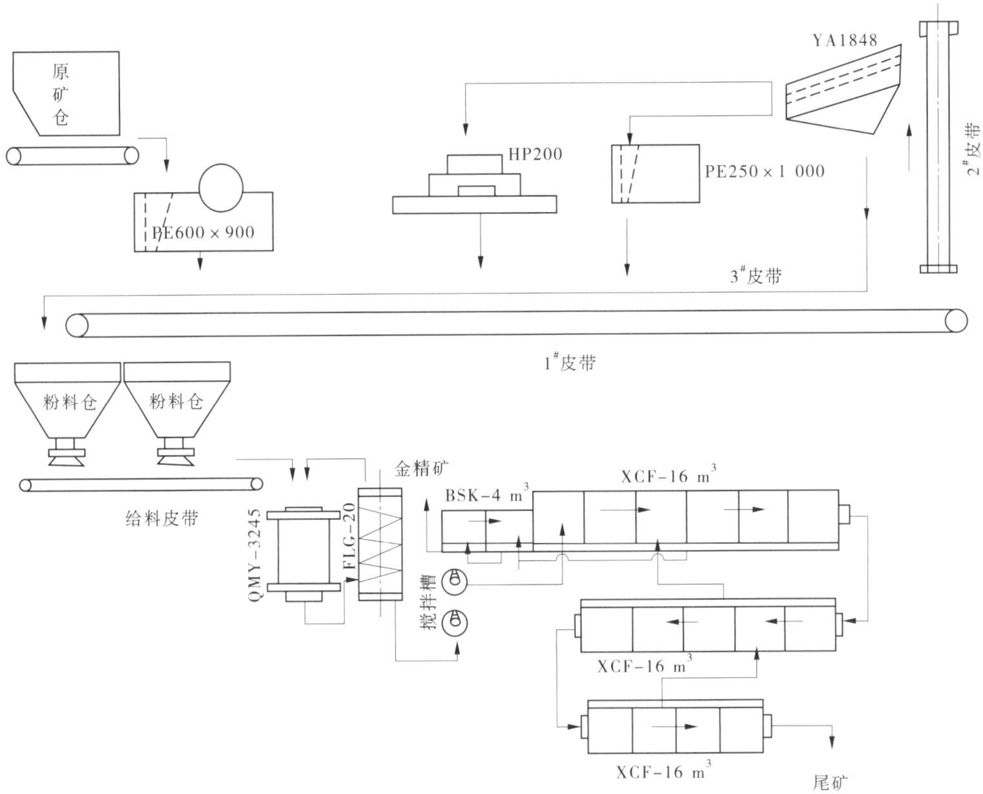

图 5-7　某选矿厂选矿设备形象联系流程

实验室所用真空浮选器是一个采用硬质玻璃制成的茄形瓶，定性试验时，也可用带刻度的 100 mL 量筒。真空浮选试验设备如图 5-8 所示。

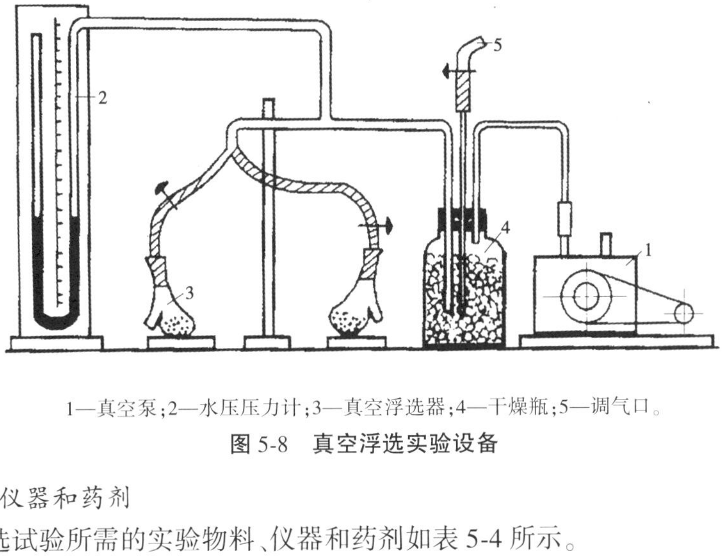

1—真空泵；2—水压压力计；3—真空浮选器；4—干燥瓶；5—调气口。

图 5-8　真空浮选实验设备

3. 物料、仪器和药剂

真空浮选试验所需的实验物料、仪器和药剂如表 5-4 所示。

表 5-4　真空浮选实验所需物料、仪器和药剂

序号	名称	序号	名称
1	重晶石矿物 5 g、石英矿物 5 g	6	洗瓶 1 个
2	真空浮选设备 1 套	7	容量瓶 1 个
3	烧杯 2 个	8	吸耳球 1 个
4	真空干燥箱 1 台	9	油酸钠
5	电子天平 1 台		

4. 实验步骤

(1)配制一定浓度的油酸钠溶液于容量瓶中。

(2)将 1 g 重晶石和石英矿物分别装入浮选器，然后加入一定量的水和油酸钠溶液，轻轻振荡，使矿粒与药剂发生作用，同时排出矿物表面所附着的空气泡。

(3)将浮选器进行装配，使之与干燥瓶、真空泵相连。

(4)启动真空泵进行抽气，浮选器中压力逐渐降低，一般将压力控制在$(6\sim9)\times10^4$ Pa，可由压力计测出。

(5)随着压力的降低，浮选器底部的矿粒表面开始析出气泡，矿粒随气泡上升。到达液面后，气泡破裂，矿粒即落入浮选器的接收管中。

(6)实验结束后，停止抽气，把浮选产物分别收集在烧杯中，烘干、称重，记入表 5-5 中，计算回收率，分析实验结果。

实验时注意：

(1)不必将所有的矿物都浮出，只需求出在一定抽气时间内的回收率即可。

(2)进行条件实验时，为使各浮选器在同一真空条件下进行实验，可将数个浮选器并联于抽气泵，或将它们置于同一个真空玻璃干燥器中。

5. 数据处理

将浮选泡沫产品干燥、称重，记入表 5-5 中，并计算不同矿物的回收率。

表 5-5　真空浮选实验结果

矿物种类	泡沫产品质量/g	浮选器内产品质量/g	原矿质量/g	回收率/%
重晶石				
石英				

6. 思考题

(1)简述真空浮选的原理和适宜处理的矿石粒度范围。

(2)进行真空浮选实验时要注意什么？

三、任务评价

每个实训项目中的任务会以竞赛的形式进行评分,“理论实践要知道”任务各组分别出题互考互评,“真空浮选实验操作”任务分组拍摄操作视频,并将视频上传至网络教学平台,待大家实操结束后,分组相互观看视频,查漏补缺,扬长避短,相互评分,评出“本组之星”,完成组间互评并评出“最佳小组”,将评分填入任务考核评价表(见表5-6)中。

表5-6 任务考核评价表

被考人			考评时间			
考评内容		真空浮选实验				
考评指标		考评标准	分值	自我评价	组间评议	实际得分
专业知识技能掌握	理论实践要知道	掌握	10			
	真空浮选实验操作的正确性	掌握	10			
	药剂配置的准确性	掌握	10			
	数据计算的准确性	掌握	10			
	实训报告的完整性	掌握	10			
素质培养	出勤	按时到岗,学习准备就绪	10			
	道德自律	自觉遵守纪律,有责任心和荣誉感	10			
	学习态度	积极主动,不怕困难,勇于探索	10			
	团队分工合作	能融入集体,愿意接受任务并积极完成	10			
	好习惯养成	将实验器材分类、归位,并打扫卫生	10			
合计			100			
本组之星				两项评选活动是为了激励学生的学习积极性		
最佳小组						

续表 5-6

填表说明	1. 实际得分=自我评价(40%)+组间互评(60%)。 2. 考评满分为100分,60分以下为不及格,60~69分为及格,70~79分为中等,80~89分为良好,90~100分为优秀。 3. "本组之星"可以是本次实训活动中突出贡献者,也可以是进步最大者,同样可以是其他某一方面表现突出者。 4. "组间互评"由评审团讨论后为各组给予的最终评价。评审团由各组组长组成,当各组完成实训活动后,各组组长先组织本组内部进行商议,然后各组组长将意见带至评审团,评价各组整体工作情况,将各组互评分数填入其中,"最佳小组"是实际得分最高者

四、任务拓展

浮选新工艺:分步浮选工艺流程

分步浮选工艺流程是东北大学近年来针对东鞍山含碳酸盐铁矿石的分选而提出的。鞍山地区含碳酸盐赤铁矿石主要分布在东鞍山、关宝山、小孤山、眼前山和黑石砬子等,总储量超过10亿t,其中以东鞍山铁矿储量最大,约5亿t。生产实践表明,东鞍山含碳酸盐赤铁矿石的浮选难度极大,随着碳酸铁含量的增加,浮选指标呈下降趋势,原矿碳酸铁含量超过3%时,生产上无法实现浮选分离。

针对含碳酸盐铁矿石的矿物组成,研究过程中制备了赤铁矿、磁铁矿、菱铁矿、石英、铁白云石纯矿物,系统研究了矿物的自然可浮性、金属离子、无机和有机抑制剂、组合抑制剂对各种矿物可浮性的影响,进而揭示了碳酸铁对赤铁矿可浮性的影响规律,形成了针对含碳酸盐赤铁矿石的分步浮选工艺流程,即根据矿石中铁矿物之间交互影响严重的问题,利用不同矿物在不同介质条件下可浮性的差异,首先在中性条件下将容易发生罩盖的细颗粒菱铁矿和绿泥石等含泥硅酸铁矿物提前分离,减少其对后续分选的影响,然后在强碱性条件下采用正常的反浮选技术分选赤铁矿。分步浮选工艺流程如图5-9所示。

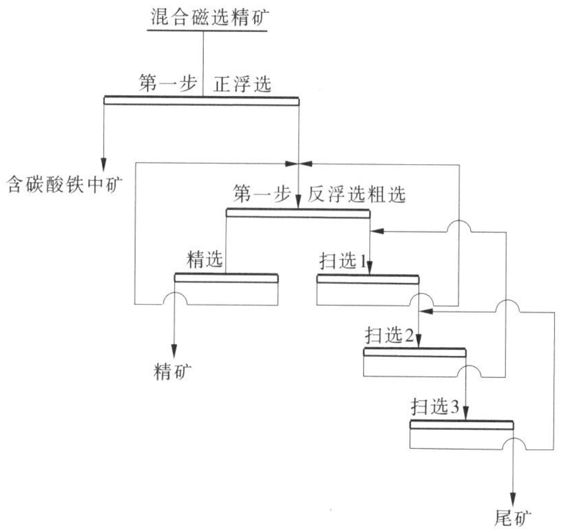

图 5-9 含碳酸盐铁矿石分步浮选工艺流程

工业实验结果表明，含碳酸盐赤铁矿石采用阶段磨矿—粗细分选—重选—磁选—分步浮选工艺，使过去无法处理的含碳酸盐铁矿石得到了工业利用，提高了资源的利用效率。

拓展小知识

重晶石

重晶石是以硫酸钡为主要成分的非金属矿产品。纯重晶石呈白色、有光泽，由于杂质及混入物的影响也常呈灰色、浅红色、浅黄色等。重晶石是自然界分布最广的含钡矿物。

重晶石属于不可再生资源，是中国的出口优势矿产品之一，广泛用于石油、天然气钻探泥浆的加重剂，在钡化工、填料等领域的消费量也在逐年增长。中国重晶石资源相当丰富，总保有储量矿石3.6亿t，居世界第1位。在医疗上可作为消化系统检验的造影剂。

重晶石

任务三　电解浮选实验

一、任务描述

本任务的要求是通过“理论实践要知道”的学习，拓宽自己的理论知识和实践知识领域，然后要求进行电解浮选实验研究。

二、任务实施

（一）理论实践要知道

理论链接：电解法

电解浮选是一种利用电解水的方法获得微泡的选矿方法。一般气泡粒径为0.02~0.06 mm，用于浮选细粒锡石时，单用电解氢气泡浮选，粗选回收率比常规浮选显著提高。

电解法处理工业废水已得到广泛的应用。其主要机制是利用废水中的有毒物质和重金属离子，借助于电解过程在阳极和阴极不断进行的氧化还原反应及物理化学作用，使有害物质生成沉淀物或气体，从而降低废水中有害物质的浓度，达到净化的目的。

电解浮选中气泡性质对细粒萤石回收的影响：利用自制电解浮选管对不同粒级萤石进行电解浮选实验，以油酸钠为捕收剂，在确定pH值及捕收剂用量的情况下，考察颗粒粒度、阴极孔径、电流强度对萤石浮选回收率的影响及气泡的分布情况。结果表明，当阴极孔径一定时，随着电流强度的增大，不同粒级萤石回收率均增大；当电流强度一定时，不同阴极孔径对应的萤石浮选回收率最高时的粒级也不相同。

实践链接一：选矿厂实际生产小知识

在实际浮选作业中，细粒浮选困难的原因及选矿厂现场采取的工艺措施是什么？

细粒物料浮选分离比较困难，原因主要有以下几点：

（1）细粒比表面积大，表面能显著增加。在一定条件下，不同矿物的表面间容易发生非选择性的互相凝结。另外，由于细粒表面能大，虽然对药剂具有较强的吸附力，但选择吸附性差，这都使得细粒难以进行选择性分离。

（2）细粒体积小，与气泡碰撞的可能性小。细粒质量小，与气泡碰撞时，不易克服矿粒与气泡之间水化层的阻力，难以附着于气泡上。

解决细粒浮选的工艺措施如下：

（1）选择性絮凝浮选。采用絮凝剂选择性地絮凝目的矿物微粒或脉石细泥，然后用浮选分离。

（2）载体浮选。利用一般浮选粒级的矿粒作为载体，使目的矿物细粒罩盖在载体上上浮。载体可以用同类矿物，也可以用异类矿物。例如，可以用黄铁矿作为载体浮选细粒金。用方解石作为载体浮去高岭土中的微细粒铁、钛杂质。

（3）团聚浮选，又称乳化浮选。细粒矿物经捕收剂处理后，在中性油的作用下，形成带矿的油状泡沫，可以将捕收剂与中性油先配成乳浊液再加到矿浆中，也可以在高质量分数（固体含量达 70%）矿浆中分别加入中性油和捕收剂，强烈搅拌，控制时间，然后刮出上层泡沫。此法已用于细粒锰矿、钛铁矿和磷灰石等。

实践链接二：选矿厂案例分享

某金矿选矿厂

某金矿（见图 5-10）为我国 20 世纪 60 年代末、70 年代初发现的新的金矿成矿类型，特命名为“焦家式金矿床”，即破碎带蚀变岩型金矿床，金品位较高。某金矿位于胶东招一掖金矿带西部，矿体赋存于下盘花岗岩经热液蚀变而产生的绢云母化、硅化及黄铁矿化等组成的蚀变带内，焦家矿区矿石均属于低硫化物石英脉含金矿石，主要金属矿物有黄铁矿、黄铜矿、方铅矿、闪锌矿、磁黄铁矿、菱铁矿等。非金属矿物有石英、绢云母、长石、碳酸盐类矿物（方解石、白云石）等。金矿物主要为银金矿和自然金。有价元素主要为金，并伴有低品位的银，其他元素含量较少，不具有回收价值；黄铁矿为主要载金矿物，具有强烈破碎特征。金矿物以微细粒嵌布为主。

某金矿选矿厂磨矿工艺为一段闭路磨矿，浮选工艺为一次优选、一次粗选、两次扫选、一次精选的选别流程。扫选尾矿到玛尔斯泵房排到尾矿坝，精选精矿经过再磨后进入单层浓密机脱药、脱水，再进入氰化作业。其浮选工艺流程如图 5-11 所示。

图 5-10 某金矿选矿厂

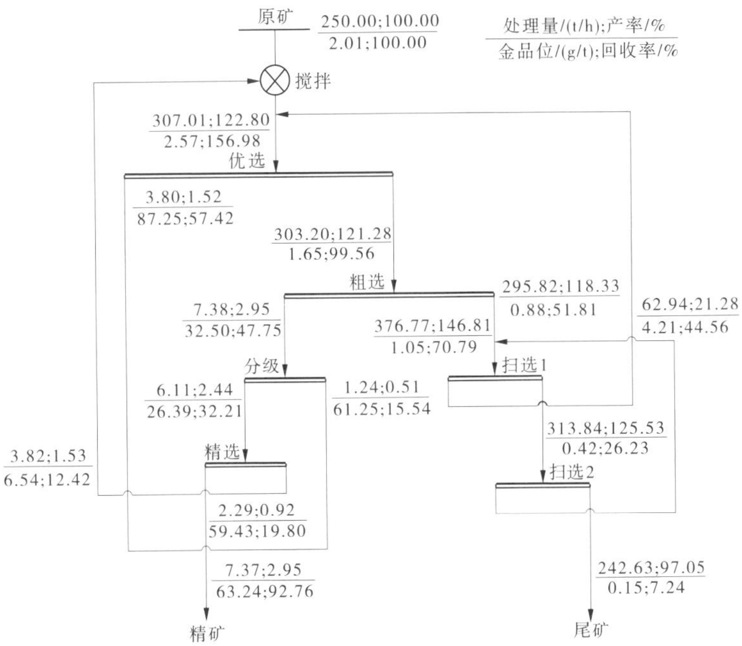

图 5-11 某金矿浮选工艺流程

(二)电解浮选实验操作

1. 目的要求

(1)了解电解浮选的主要方法和原理。

(2)掌握电解浮选的主要实验方法。

2. 原理

电解浮选是利用电解水的方法获得微泡,气泡是靠电解时在阴极和阳极分别析出 H_2

和 O_2 形成的，借助于氧气泡和氢气泡浮选悬浮的矿粒，电解过程反应式如下：

$$H_2O \rightarrow H^+ + OH^-$$

$$H^+ + e \rightarrow H;2H \rightarrow H_2\uparrow$$

$$4OH^- - 4e \rightarrow 2H_2O + O_2\uparrow$$

通过电解产生的气泡粒径极小，为 0.02~0.06 mm。在实验中，气泡大小可通过电解电流、电极材料、电极的几何形状及介质 pH 值等进行控制。用于浮选细粒锡石时，单用电解氢气泡浮选，粗选回收率比常规浮选显著提高，由 35.5%提高到 79.5%，同时品位提高 0.8%。电解浮选是新近发展起来的微细颗粒乃至胶粒的浮选工艺，不仅用于一般固体物料的分选，还用于工业废水处理、轻工及食品工业产品的净化等。

电解气体发生器的结构目前已有十多种，包括无隔膜的氢气氧气混用型、带隔膜单用某种气体或双槽分用不同气体的分用型等。

图 5-12 为带隔膜的气体分用型实验室电解浮选实验装置。其浮选槽底部安装由薄膜隔开的电极对，薄膜同时起分隔气体的作用。阳极产生氧气微泡，阴极产生氢气微泡，可根据需要决定隔膜上、下电极的极性。实验时，阴极材料可选用不锈钢、铂等金属网，阳极材料用石墨、不锈钢网或板，以不会很快被腐蚀为原则。由于电解系统发热，故在底部加冷却水套以导出气体及热量。隔膜采用厚 0.8~0.9 mm、比导电率为 $5\times10^{-3}\sim6\times10^{-3}$ $\Omega\cdot$cm 的离子交换膜，电流密度在 100~400 A/m^2 范围内变化，由于电极间距很小，所以电能消耗较小。

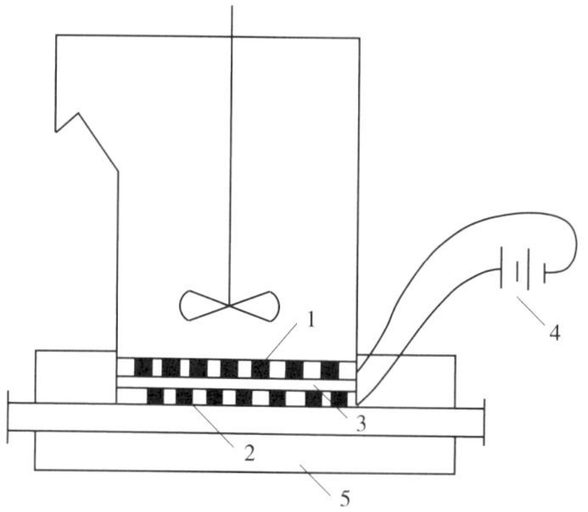

1，2—上、下电极；3—隔膜；4—电源；5—冷却系统。

图 5-12　电解浮选实验设备

电解除产生微泡外，电解气体本身还是一种活泼的调整剂，气体刚从电极表面析出时呈原子状态，时间虽短，但可以对矿物表面及浮选药剂产生显著的影响，有时可大大提高浮选过程的选择性。例如，电解氧气能提高黄铜矿、黄铁矿等硫化矿物的浮选活性，而电解氢气能活化锡石的浮选，但使硫化矿和石英的可浮性变坏。所以，分选不同的矿物，应选择不同类型的电解气体发生器。

3. 物料、仪器和药剂

电解浮选实验所需的实验物料、仪器和药剂如表 5-7 所示。

表 5-7　电解浮选实验所需物料、仪器和药剂

序号	名称	序号	名称
1	黄铁矿 1 kg	6	洗瓶 1 个
2	电解浮选实验装置 1 套	7	容量瓶 1 个
3	烧杯 1 个	8	吸耳球 1 个
4	真空干燥箱 1 台	9	微型注射器 1 个
5	电子天平 1 台	10	乙基黄药、硫酸铜、2$^{\#}$油

4. 实验步骤

(1)配制一定浓度的乙基黄药和硫酸铜溶液。

(2)按 30%浮选浓度将一定量的黄铁矿矿样加入电解浮选槽中,加入适量水。

(3)启动电解浮选装置搅拌器,搅拌矿浆 5 min 后,加入适量硫酸铜搅拌 3 min,再加入适量乙基黄药后搅拌 3 min,用注射器加入 1 滴 2$^{\#}$油,搅拌 2 min。

(4)打开电解装置开始浮选,把浮选泡沫产物收集在烧杯中,烘干、称重,记入表 5-8 中,计算回收率,分析实验结果。

5. 数据处理

将浮选泡沫产品干燥、称重,记入表 5-8 中,并计算矿物的回收率。

表 5-8　电解浮选实验结果

矿物种类	泡沫产品质量/g	浮选器内产品质量/g	原矿质量/g	回收率/%
黄铁矿				

上述是浮选单一矿物的实验结果,也可进行含多种矿物矿石的分选实验,通过精矿产率和化验精矿和尾矿中金属元素的品位,获得矿石电解浮选的分选效果。

6. 思考题

(1)电解浮选的原理是什么?

(2)不同的矿物采用电解浮选时要注意什么?

三、任务评价

每个实训项目中的任务会以竞赛的形式进行评分,“理论实践要知道”任务各组分别出题互考互评,“电解浮选实验操作”任务分组拍摄操作视频,并将视频上传至网络教学平台,待大家实操结束后,分组相互观看视频,查漏补缺,扬长避短,相互评分,评出“本组之星”,完成组间互评并评出“最佳小组”,将评分填入任务考核评价表(见表 5-9)中。

表 5-9 任务考核评价表

<table>
<tr><td colspan="2">被考人</td><td colspan="2"></td><td colspan="2">考评时间</td><td></td></tr>
<tr><td colspan="2">考评内容</td><td colspan="5">电解浮选实验</td></tr>
<tr><td colspan="2">考评指标</td><td>考评标准</td><td>分值</td><td>自我评价</td><td>组间互评</td><td>实际得分</td></tr>
<tr><td rowspan="5">专业知识技能掌握</td><td>理论实践要知道</td><td>掌握</td><td>10</td><td></td><td></td><td></td></tr>
<tr><td>电解浮选实验操作的正确性</td><td>掌握</td><td>10</td><td></td><td></td><td></td></tr>
<tr><td>药剂配置的准确性</td><td>掌握</td><td>10</td><td></td><td></td><td></td></tr>
<tr><td>数据计算的准确性</td><td>掌握</td><td>10</td><td></td><td></td><td></td></tr>
<tr><td>实训报告的完整性</td><td>掌握</td><td>10</td><td></td><td></td><td></td></tr>
<tr><td rowspan="5">素质培养</td><td>出勤</td><td>按时到岗,学习准备就绪</td><td>10</td><td></td><td></td><td></td></tr>
<tr><td>道德自律</td><td>自觉遵守纪律,有责任心和荣誉感</td><td>10</td><td></td><td></td><td></td></tr>
<tr><td>学习态度</td><td>积极主动,不怕困难,勇于探索</td><td>10</td><td></td><td></td><td></td></tr>
<tr><td>团队分工合作</td><td>能融入集体,愿意接受任务并积极完成</td><td>10</td><td></td><td></td><td></td></tr>
<tr><td>好习惯养成</td><td>将实验器材分类、归位,并打扫卫生</td><td>10</td><td></td><td></td><td></td></tr>
<tr><td colspan="3">合计</td><td>100</td><td></td><td></td><td></td></tr>
<tr><td colspan="2">本组之星</td><td colspan="4"></td><td rowspan="2">两项评选活动是为了激励学生的学习积极性</td></tr>
<tr><td colspan="2">最佳小组</td><td colspan="4"></td></tr>
<tr><td colspan="2">填表说明</td><td colspan="5">1. 实际得分=自我评价(40%)+组间互评(60%)。
2. 考评满分为 100 分,60 分以下为不及格,60~69 分为及格,70~79 分为中等,80~89 分为良好,90~100 分为优秀。
3. “本组之星”可以是本次实训活动中突出贡献者,也可以是进步最大者,同样可以是其他某一方面表现突出者。
4. “组间互评”由评审团讨论后为各组给予的最终评价。评审团由各组组长组成,当各组完成实训活动后,各组组长先组织本组内部进行商议,然后各组组长将意见带至评审团,评价各组整体工作情况,将各组互评分数填入其中,“最佳小组”是实际得分最高者</td></tr>
</table>

四、任务拓展

浮选新工艺:铝电解槽浮选法工艺

铝电解槽浮选法工艺是当前使用最广泛、最普遍的电解铝工艺。将电解后的铝溶液经过球形机搅拌净化以后,再将其置于700 ℃的高温环境下烘干提纯,然后将凝结的铝溶液送至破碎机进行打磨和分离,筛选出0.86 mm以下的可以使用的颗粒粒子进行浮选法的实验操作,最后得出的精纯粒子便是实验所需的电解铝粒子。电解铝所得的氧化铝为主要物质的化合物是一种高分子纯净化合物,其价格很便宜,适合作为电解铝工艺的原料,并且获取容易,来源广泛,将其与水玻璃进行简单的混合便可直接检测其浓度。在铝电解槽浮选法工艺中,它可以轻易消除电解质表面的污染性材料,增大电解铝槽中的反应容量,减少反应时间和电解槽中的差异存在。

铝电解槽浮选法工艺是一项目前而言比较成熟的电解铝操作技术,在浮选法的使用过程中技术难度也很简单,操作简单便捷。浮选法作为电解铝工艺中筛选提纯铝的方法之一,是一种值得大力推广使用的好办法。

拓展小知识

铝矿石

铝矿石主要有一水硬铝石、一水软铝石和三水铝石,都是炼铝的矿石。白色或因杂质呈浅灰、浅绿、浅红色调;玻璃光泽,解理面珍珠光泽;透明至半透明;解理极完全;硬度2.5~3.5;相对密度2.30~2.43;具泥土臭味。

最重要的用途是:铝工业中提炼金属铝,用作耐火材料和研磨材料,以及用作高铝水泥原料。

铝矿石

项目巩固

1. 选矿厂实际生产过程中如何计算分级机溢流浓度?

2. 某含金硫化矿选矿厂实际生产中,已知矿石比重为2.72,浓度壶的质量为115 g,浓度壶装满水后质量为602 g,浓度壶装满分级机溢流后质量为720 g,计算分级机溢流浓度。

项目六 浮选综合实验

项目导读

实验室浮选综合实验通常按照以下程序进行：

(1)拟定原则方案。根据所研究的矿石性质，结合已有的生产经验和专业知识，拟定原则方案。

(2)准备实验条件。

(3)预先实验。

(4)条件实验(或称系统实验)。

(5)流程实验。包括开路流程实验和闭路流程实验。

实验室小型实验结束后，一般尚须进一步做实验室浮选连续实验(简称连选实验)，有时还需要做中间实验和工业实验。

本项目是让学生根据已学过的知识，分析矿石的性质，自拟选别方案，判定药剂制度，重点培养学生自主设计实验，对实验操作进行优化和对实验内容进行创新探索的能力。

项目目标

知识目标

1. 掌握浮选实验的基本原理，了解浮选综合实验的内容和实验程序。
2. 根据已学过的知识，自拟选别方案，判定药剂制度，掌握浮选综合实验方案的设计方法。
3. 了解捕收剂、起泡剂及调整剂的作用。
4. 掌握浮选操作过程。
5. 掌握实验室矿石浮选实验结果的处理方法。
6. 通过理论知识和实践操作的对比，深入理解浮选综合实验的意义。

能力目标

1. 学会应用所学的基本知识来解决实验中的实际问题。
2. 培养独立思考、认真负责、对实验结果进行处理与分析的能力。
3. 熟练掌握选矿实验技术与方法，能够熟练操作选矿实验仪器与设备。
4. 自主设计实验，提高对实验操作进行优化、对实验内容进行创新探索的能力。
5. 培养精益求精、独具匠心的选矿工匠精神。

项目概览

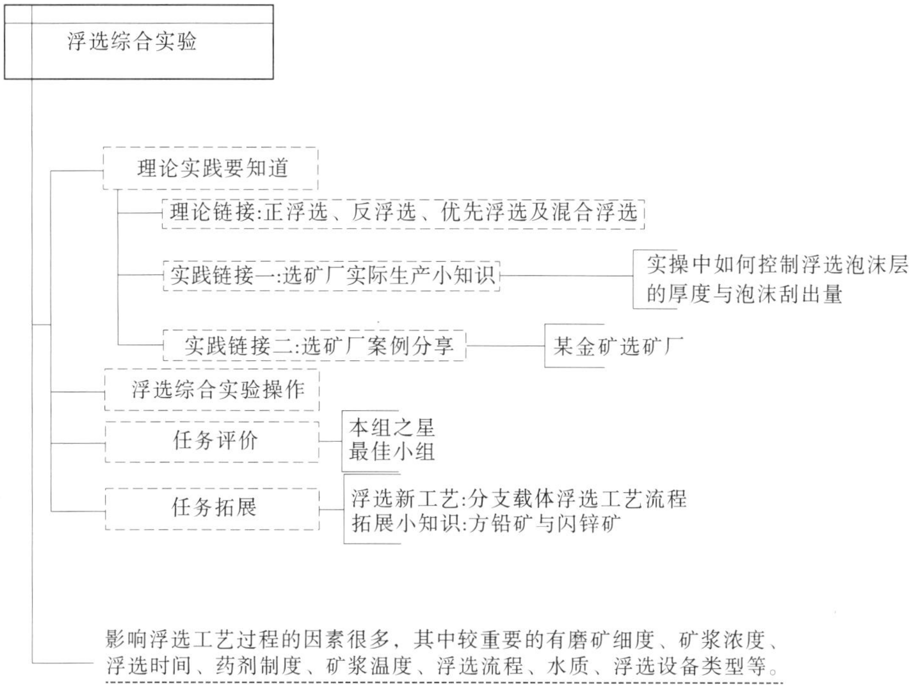

一、任务描述

本项目的要求是通过“理论实践要知道”的学习，拓宽自己的理论知识和实践知识领域，然后要求对选矿厂的原矿进行浮选综合实验研究，根据矿石性质和已学过的知识，自拟选别方案，判定药剂制度，按照综合实验的要求对浮选综合实验方案进行设计。

二、任务实施

(一) 理论实践要知道

理论链接：正浮选、反浮选、优先浮选及混合浮选

一般的浮选多将有用矿物浮入泡沫产物中，将脉石矿物留在矿浆中，通常称为正浮选。但有时却将脉石矿物浮入泡沫产物中，将有用矿物留在非泡沫产物中，这种浮选称为反浮选。

如果矿石中含有两种或两种以上的有用矿物，其浮选方法有两种：一种是将有用矿物一个一个地选出为单一的精矿，此种方法称为优先浮选；另一种是将有用矿物共同选出为混合精矿，随后将混合精矿中的有用矿物一个一个地分选开，此种方法称为混合浮选。

实践链接一：选矿厂实际生产小知识

1. 实操中如何控制泡沫层的厚度？

泡沫层的厚度对回收率和精矿品位有着直接的影响。在浮选操作中，泡沫层的厚度通过浮选机的矿浆闸门调节。另外，药剂及质量分数等因素对泡沫层厚度也有影响。

在浮选机中，一般规律是泡沫层越厚，聚集的金属量越多；泡沫层越薄，聚集的金属量则越少。泡沫层有一定的厚度，有利于加强二次富集作用，提高精矿品位。但要防止泡沫层过厚，这是因为泡沫层过厚，上层的气泡变大，总的表面积减小，有些已上浮的粗粒或较难浮的矿粒会从气泡上脱落。也要防止泡沫层过薄，过薄不仅减弱了二次富集作用，矿浆也容易被刮出来，影响精矿质量。

实际操作中泡沫层的厚度一般是这样控制的：在精选作业中要求有较厚的泡沫层，以保证获得高质量的精矿；在粗选、扫选作业中，要求有较薄的泡沫层，以保证可浮性较差的矿物和部分连生体尽量得到回收。

2. 实操中如何控制泡沫的刮出量？

泡沫刮出量是浮选操作的一个重要方面。泡沫的刮出量直接关系到浮选工艺的数量和质量指标。泡沫的刮出量除取决于泡沫层厚度外，还与整个浮选工艺的平衡与稳定有关。应该保持粗选、扫选、精选泡沫刮出量的平衡和稳定，各作业都要严格控制泡沫刮出量，才能最终获得合格的精矿并充分回收金属。

必须指出，片面地增大泡沫刮出量对浮选过程是不利的，这一点常被没有经验的操作工忽视。从表面上看，增大泡沫刮出量似乎提高了金属的回收率，但应该看到，随着各作业泡沫刮出量的增加，不仅容易把大量脉石刮入产品中，使泡沫产品质量下降，同时必然造成中矿循环量的增加，破坏了浮选过程的平衡，使浮选效果变坏。

浮选中主要借助浮选机的矿浆闸门通过调整矿浆液面达到控制泡沫层厚度及泡沫刮出量的目的，操作工可以进行适当调节并将其作为对付各种急剧变化的应急手段。但是，调整矿浆闸门并不能根除导致各种急剧变化的因素。在操作中，盲目地频繁调整反而会破坏浮选过程的稳定。事实上，影响刮出量变化的因素是多方面的，如果是矿浆浓度和细度的变化，应及时与磨矿分级操作工联系；如果是药剂用量不当，就应及时调整药剂用量。只有在发生矿浆溢出或矿液面急剧下降等异常情况并直接影响浮选工艺指标时，才能利用矿浆闸门及时进行大幅度的调整。调整矿浆闸门时，一般应从尾部开始，逐一调整至前部，这样可以保持矿浆量的相对稳定，并尽量减少对下一作业的影响。若因分级溢流量的突然改变而造成浮选机刮出量的变化，为尽早消除异常，应从浮选槽头部开始调整。

应重点观察精矿产出槽及粗选作业前几槽的泡沫层厚度和刮出量。因为在这些浮选槽中集中了大量的有用矿物，它们的浮选现象及泡沫矿化情况对工艺因素变化的反应一般都较显著，所以掌握好这些槽的操作是获得整个浮选工艺高指标的关键。根据浮选中金属量逐渐减少的实际情况，泡沫刮出量应顺次减少。

实践链接二:选矿厂案例分享

某金矿选矿厂简介

某金矿选矿厂于1975年开始筹建,1979年建成,1980年1月正式投产。设计选矿生产规模500 t/d,1986年生产能力扩大到750 t/d。1989年12月开始进行二期改扩建工程,1995年安装4# MQG-2736球磨机生产能力扩大到1 500 t/d;2006年新增3# MQG-2736球磨机,扩产至2 000 t/d。2007年10月通过改造破碎系统,新增美卓HP300圆锥破碎机为细碎作业,实现多碎少磨,生产能力扩大到2 700 t/d;2008年再增1台MQG-2736球磨机后,(露天)生产能力扩大到3 000 t/d。2010年初破碎新增1台山特维克CH660作为细碎,同时将原HP300圆锥破碎机改造为中碎;2010年3月磨浮扩产改造新增1台MQG-3236球磨机,使生产能力达到4 000 t/d。2012年4月新城金矿新增建1套MQY-5064大磨矿系统,使整个生产规模达到5 000 t/d以上。2013年初破碎新增辅助(露天)破碎站系统,2套破碎系统一起给球磨机供矿,使选矿生产规模达到6 000 t/d以上。图6-1所示为某金矿选矿工艺流程图。

新城金矿选矿工艺流程为:三段一闭路破碎、一段闭路磨矿分级、一粗二扫一精浮选、浮选精矿压滤,精矿销售至精炼厂。

粉矿仓的细粒物料给入球磨机磨矿,目前主要是给入MQY5064球磨机及其配套ϕ660旋流器组构成的闭路磨矿,旋流器分级溢流自流到ϕ3 500搅拌槽,加入油、丁基黄药后进入30 m^3圆形浮选机进行分选,经"一粗二扫一精"产出浮选精矿;浮选尾矿泵至充填旋流器分级,沉砂去井下充填,溢流尾矿经浓缩后泵至尾矿坝。

浮选产出的金精矿压滤后,进入氰化和冶炼系统。某金矿选矿生产工艺详情如表6-1所示。

(二)浮选综合实验操作——铅锌矿石浮选分离实验

1. 原理

浮选是利用矿物颗粒表面物理化学性质的差异,在气-固-液三相流体中进行分离的技术,是细粒和极细物料的最有效的分离方法之一,可应用于有色金属、黑色金属、稀有金属、非金属和可溶性盐类等矿石的分选。

浮选实验的主要内容包括:确定选别方案;通过实验分析影响过程的因素,查明各因素在过程中的主次位置和相互影响的程度,确定最佳工艺条件;提出最终选别指标和其他必要的技术指标。由于浮选过程中各种组成矿物的选择性分离是基于矿物可浮性的差异,因此用各种药剂调整矿物可浮性差异,是浮选实验的关键。

实验室浮选综合实验通常按照以下程序进行:

(1)拟定原则方案。根据所研究的矿石性质,结合已有的生产经验和专业知识,拟定原则方案。例如,对于多金属硫化矿石的浮选,可能的原则方案有优先浮选、混合浮选、部分混合优先浮选等方案;对于赤铁矿的浮选,可能的原则方案有正浮选、反浮选、选择性絮凝浮选等方案;对于铝土矿的浮选,可能的原则方案有正浮选和反浮选方案。

(2)准备实验条件。包括试样制备、设备和检测仪器准备、药剂配制等。

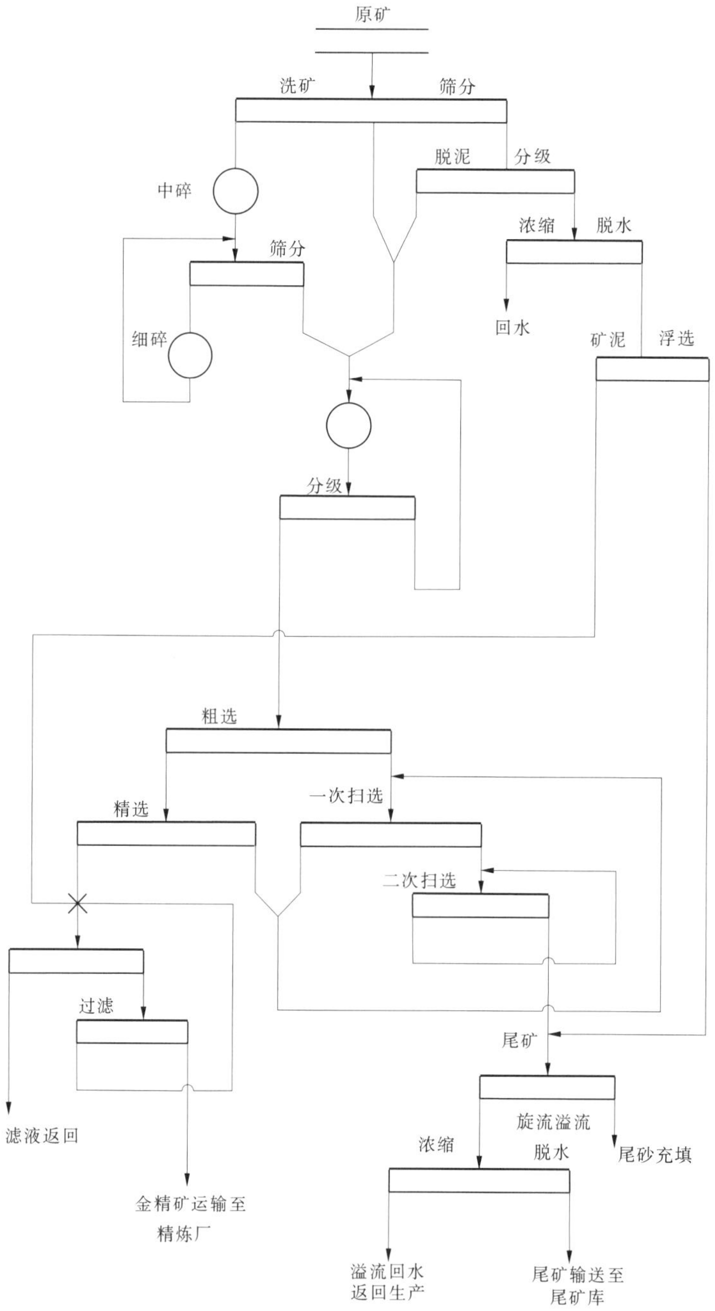

图 6-1　某金矿选矿工艺流程

表 6-1　选矿生产工艺详情

选矿生产药剂	1. 浮选捕收剂:丁基黄药,用量 90 g/t
	2. 起泡剂: QX3 起泡剂,用量 20~25 g/t
	3. 无调整剂、无活化剂等
选矿生产工艺参数	1. 磨矿细度:-200 目占 56%~60%
	2. 浮选浓度:35%~40%
选矿生产指标	1. 原矿品位:1. 90 g/t
	2. 精矿品位:60 g/t
	3. 尾矿品位:0. 10 g/t
	4. 浮选回收率:94. 9%
	5. 精矿产率:3. 5%

(3)预先实验。对每一可能的原则方案进行预先实验,找出各自的适宜条件和指标,最后进行技术经济比较予以确定,从而确定矿石的可能研究方案、原则流程、选别条件和可能达到的指标。

(4)条件实验(或称系统实验)。根据预先实验确定的方案和大致的选别条件,编制详细的实验计划,进行系统实验来确定适宜的浮选条件。

(5)流程实验。包括开路流程实验和闭路流程实验。开路流程实验为了确定达到合格技术指标,所需的粗选、精选和扫选次数。闭路流程实验是在不连续的设备上模仿连续的生产过程的分批实验,即进行一组将前一实验的中矿加到下一实验相应地点的实验室闭路流程实验。目的是确定中矿的影响,核定所选的浮选条件和流程,并确定最终指标。

实验室小型实验结束后,一般尚须进一步做实验室浮选连续实验(简称连选实验),有时还需要做中间实验和工业实验。

2. 实验流程概述

1)试样准备

考虑到试样的代表性和小型磨矿机的效率,浮选实验粒度一般要求小于 3 mm。破碎的试样,要分成单份试样装袋储存,每份试质量为 0. 2~1 kg(与磨矿、浮选设备的规格和矿样的代表性有关),个别品位低的稀有金属矿石可多至 3 kg(如辉钼矿等)。细物料的缩分可用两分器(多槽分样器)来分样,也可采用方格法手工分样。

2)磨矿

实验室常用的 ϕ 160×180 mm 和 ϕ 200×200 mm 的筒形球磨机和 XMQ 型 ϕ 240×90 mm 锥形球磨机的给矿粒度小于 1~3 mm, ϕ 160×160 mm 等筒形球磨机和 XMQ 型 ϕ 150×50 mm 锥形球磨机,它们用于中矿和精矿产品的再磨。

磨矿时要确定适宜的磨矿介质种类和配比、装球量、球磨机转速和磨矿浓度。磨矿后对产品进行湿式筛分,绘制出磨矿时间与磨矿细度的关系曲线,具体操作步骤见磨矿实验部分。

3)磨矿细度实验

取 4 份以上试样,保持其他条件相同时,确定适宜的磨矿细度,找出对应的磨矿时间,磨矿后分别进行浮选,比较其结果。

浮选时泡沫分两批刮取。粗选时获得粗精矿,捕收剂、起泡剂的用量和浮选时间在全部实验中都要相同;扫选时获得中矿,捕收剂用量和浮选时间可以不同,目的是使欲浮选的矿物完全浮选出来,以得出尽可能贫的尾矿。如果从外观上难以判断浮选的终点,则中矿的浮选时间和用药量在各实验中亦应保持相同。

浮选产物分别烘干、称重、取样,并进行化学分析,然后将实验结果填入相应记录表,并绘制曲线图。曲线图通常以磨矿细度(-74 μm 级别的含量,%)或磨矿时间(min)为横坐标,以浮选指标(品位 β 和回收率 ε)为纵坐标绘制。

4)pH 调整剂实验

pH 调整剂实验的目的是寻求最适宜的调整剂及其用量,使欲浮矿物具有良好的选择性和可浮性。

多数矿石可根据生产实际经验确定 pH 调整剂的种类和 pH 值,但 pH 值与矿石物质组成、浮选用水等多种性质有关,故一般仍需进行 pH 值实验。实验时,在适宜的磨矿细度的基础上,固定其他浮选条件不变,只进行 pH 调整剂的种类和用量实验。将实验结果绘制曲线图,以品位、回收率为纵坐标,以调整剂用量为横坐标,根据曲线进行综合分析,找出 pH 调整剂的适宜用量或适宜的 pH 值。

在已确定 pH 调整剂的种类和 pH 值的情况下,测定 pH 值和确定调整剂用量的方法如下:将调整剂分批地加入浮选机的矿浆中,待搅拌一定时间以后,用 pH 计测 pH 值,若 pH 值尚未达到浮选该种矿物所要求的数值,可再加下一份 pH 调整剂,依此类推,直至达到所需的 pH 值,最后累计其用量。

其他药剂种类和用量的变化,有时会改变矿浆的 pH 值,此时可待各条件实验结束后,再按上述方法进行检查实验校核,或将与 pH 调整剂有交互影响的有关药剂进行多因素组合实验。

5)抑制剂实验

抑制剂在金属矿石和非金属矿石,特别是一些难选矿石的分离浮选中起着决定性的作用。进行抑制剂实验,必须认识到抑制剂与捕收剂、pH 调整剂等因素有时存在交互作用。例如,捕收剂用量少,抑制剂就可能用得少;捕收剂用量多,抑制剂用量也多,而这两种组合得到的实验指标可能是相等的。又如硫酸锌、水玻璃、氰化物、硫化钠等抑制剂的加入,会改变已经确定好的 pH 值和 pH 调整剂的用量。另外,在许多情况下混合使用抑制剂时,各抑制剂之间也存在交互影响,此时采用多因素组合实验较合理。

6)捕收剂实验

一般一种矿石原则方案确定后,捕收剂的种类已经选定。如要优选捕收剂,则需要进行捕收剂种类实验,可以采用单一捕收剂,也可采用组合捕收剂,进行实验研究工作。

捕收剂选定后,就要进行捕收剂用量实验。捕收剂用量实验方法有以下两种:

第一种方法是直接安排一组对比实验,即固定其他条件,只改变捕收剂用量,如其用量为 40 g/t、60 g/t、80 g/t、100 g/t,分别进行实验,然后对所得结果进行对比分析。

第二种方法是在一个单元实验中通过分次添加捕收剂和分批刮泡的办法,确定必需的捕收剂用量,即先加少量的捕收剂,刮取第一份泡沫,待泡沫矿化程度变弱后,再加入第二份药剂，并刮出第二份泡沫，此时的用量，可根据具体情况采用少于或等于第一份用量。以后再根据矿化情况添加第三份、第四份……药剂，分别刮取第三次、第四次……泡沫，直至浮选终点。各产物应分别进行化学分析，然后计算出累计回收率和累计品位，考察为欲达到所要求的回收率和品位所需的捕收剂用量。此法多用于预先实验。

组合捕收剂实验时，可以将不同捕收剂分成数个比例不同的组，再对每个组进行实验。例如两种捕收剂 A 和 B，可分为 1∶1、1∶2、1∶4等几组，每组用量可分为 40 g/t、60 g/t、80 g/t、100 g/t、120 g/t；或者将捕收剂 A 的用量固定为几个数值，再对每个数值改变捕收剂 B 的用量进行一系列的实验，以求出最适宜的条件。

起泡剂用量实验与捕收剂用量实验类同，但有时不进行专门的实验，其用量多在预先实验或其他条件实验中顺便确定。

7）矿浆浓度实验

从经济上考虑，浮选过程在不影响分选效果和操作的条件下，尽可能采用浓矿浆。矿浆愈浓，所需浮选机容积愈小，药剂的相对有效浓度愈高，药剂的用量愈少。生产上大多数浮选矿浆浓度介于 25%～40%，对于一些特殊矿种，矿浆浓度有时在 40%以上或低到 25%以下。一般处理泥化程度高的矿石时，应采用较稀的矿浆，而处理较粗粒度的矿石时，宜采用较浓的矿浆。另外，粗选、精选和扫选的矿浆浓度不同，一般粗选浓度在 30%左右，精选浓度在 20%左右，扫选浓度介于粗选浓度和精选浓度之间。

在小型浮选实验过程中，由于固体随着泡沫刮出，故为维持矿浆液面不降低而添加补充水，矿浆浓度自始至终逐步变稀。这种矿浆浓度的不断变化，相应地使所有药剂的浓度和泡沫性质也随之变化。

8）矿浆温度实验

在大多数情况下浮选在室温条件下进行，即介于 15～25 ℃。用脂肪酸类捕收剂浮选非硫化矿，如分选铁矿、萤石矿和白钨矿时，常采用水蒸气直接或间接加温浮选，这可提高药剂的分散度和效能，改善分选效率。某些复杂硫化矿，如铜铅、锌硫和铜镍矿等采用加温浮选工艺，有利于提高分选效果。在这些情况下，必须做浮选矿浆温度的条件实验。若矿石在浮选前要预先加温搅拌或进行矿浆的预热，则要求进行不同温度的实验。

9）浮选时间实验

浮选时间可能从 1 min 变化到 1 h，通常介于 3～15 min，一般在进行各种条件实验过程中便可测出。因此，在进行每个实验时都应记录浮选时间，但浮选条件选定后，可做检查实验。此时可进行分批刮泡，分批刮取时间可分别为 1 min、2 min、3 min、5 min，依此类推，直至浮选终点。为便于确定粗扫选时间，分批刮泡时间间隔还可短一些。根据实验结果可绘制曲线，以横坐标为浮选时间（min），以纵坐标为回收率（累积）和金属品位（加权平均累积），如图 6-2（a）所示；也可以绘制各泡沫产品的品位与浮选时间的关系曲线，如图 6-2（b）所示。根据曲线，可确定得到某一定回收率和品位所需浮选时间。粗选时间界限的划分，可以考虑以下几点：

（1）如欲从粗选直接获得合格精矿，可根据精矿品位要求，在累计品位曲线上找到对应点 A，通过 A 点作横坐标的垂线，交点为 B 点，即为粗扫选时间的分界点。

（2）根据各泡沫产品品位与浮选时间的关系曲线，以品位显著下降的地方作为分界

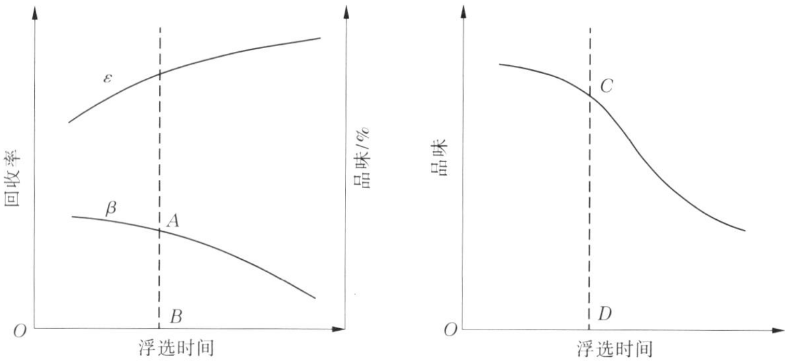

(a)累计回收率和品位曲线　　(b)单元品位曲线

图 6-2　浮选时间实验

点,例如图 6-2(b)中 C 点对应的浮选时间 D 点。

(3)选择泡沫产品的矿物组成或有用矿物单体解离度发生较大变化的转折点作为分界点。

(4)若粗精矿带入药量过多,给精选作业造成困难,此时,可根据精选的情况和需要来划分粗扫选时间。

在确定浮选时间时,应注意捕收剂用量增加,可大大缩短浮选时间,此时节省的电能及设备费用可补偿这部分药剂消耗,则增加捕收剂用量是有利的,故有时要考虑综合经济因素来确定适宜的浮选药剂用量和时间。

10)精选实验

粗选时刮取的粗精矿,需在小容积的浮选机中进行精选,目的是除去机械夹杂物,提高精矿品位。精选次数大多数情况为 1~2 次,有时则多达 7 次,例如萤石、辉钼矿和石墨粗精矿的精选。在精选作业中,通常不再加捕收剂和起泡剂,但视具体情况也可以适当添加,并要注意控制矿浆 pH 值,在某些情况下需加入抑制剂、解吸剂,甚至对精选前的矿浆进行特别处理。精选时间视具体情况确定。

为避免精选作业的矿浆浓度过分稀释,或矿浆体积超过浮选机的容积,可事先将泡沫产物静置沉淀,用医用注射器将多余的水抽出。脱除的水装入洗瓶,用作将粗精矿洗入浮选机的洗涤水和浮选补加水。

影响浮选过程的其他因素,可根据具体情况进行实验。

上述实验完成后,就要进行浮选流程实验,包括浮选开路流程实验和浮选闭路流程实验,以及连续浮选流程实验,详细情况可参见项目四。

3. 物料、仪器和药剂

铅锌矿石浮选主要是方铅矿和闪锌矿的分离。

方铅矿(PbS,含 Pb 86.60%)表面具有很好的疏水性,很容易上浮,但表面氧化后可浮性降低。方铅矿的典型捕收剂是黄药和黑药,重铬酸钾是其典型的抑制剂,二氧化硫、亚硫酸盐、石灰、硫酸锌或上述药剂的组合均可以抑制方铅矿,但氰化物对方铅矿的抑制作用不强。

闪锌矿(ZnS,含 Zn 67.1%)是硫化矿物中较难选的一种矿物,且因杂质含量的不同,可浮性会有很大的差异，硫酸铜是闪锌矿的典型活化剂，氰化物可以强烈地抑制闪锌矿，硫酸锌、亚硫酸盐、硫代硫酸盐、硫化钠或上述药剂的组合均可抑制闪锌矿的浮选。

方铅矿与闪锌矿的分选，一般采用在碱性介质中抑制闪锌矿、浮选方铅矿的方法。抑制闪锌矿可采用氰化物与硫酸锌组合，但由于氰化物有剧毒，污染环境，并能溶解贵金属，目前采用无氰工艺代替，即采用二氧化硫、亚硫酸、亚硫酸钠、硫代硫酸钠等药剂与硫酸锌组合抑制闪锌矿，也可单独使用。

铅锌分选制度较简单，磨矿细度较粗，分离浮选的 pH 值较低，但当含硫较高时，则磨矿细度较细，浮选的 pH 值较高。浮选综合实验所需实验物料、仪器和试剂如表 6-2 所示。

表 6-2　浮选综合实验所需物料、仪器和试剂

序号	名称	序号	名称
1	铅锌多金属硫化矿石 1 200 g 左右，称取 300 g 矿样 4 份以备用	4	洗瓶 1 个
2	黄药、石灰、硫酸铜、硫酸锌、2# 油各 1 瓶	5	盆 4 个
3	0. 75 L 单槽浮选机 1 台	6	10 mL 吸液管 3 支

4. 实验操作步骤

1）配药

浮选实验用的药剂溶液为了便于使用，常以 100 mL 溶液中的含量表示。例如，欲配制 1%的药剂溶液，可称取 1 g 药剂倒入 100 mL 的容量瓶中，加入一定的蒸馏水使之充分溶解，之后再加蒸馏水至 100 mL 的刻度。在进行矿石选别工艺实验时，可用量筒代替容量瓶，并用自来水配药。

配制药剂溶液应先计算本次实验每种药剂的用量，按计算所得数量乘以备用系数后称量配置，注意不要浪费药剂。

2# 油是油状液体，是以原液用注射器一滴一滴地加入矿浆中的，滴加时针头应垂直。实验前计算好应加入的滴数，当用量不到一滴时，可将原液滴在滤纸上，按所需的分数剪下加入到矿浆中，在标定注射器针头一滴的质量时，要注意针头的型号，因为针头型号不同，每滴的质量也不同，故用什么型号针头标定，加药时就应用该型号的针头加药。

2）磨矿

（1）清洗球磨机。先加满水磨 5~10 min，磨完后将球磨机清洗干净。

（2）确定磨矿浓度。每次实验用样 600 g，磨矿浓度可定为 70%，计算出每次磨矿应添加的水量。

（3）按顺序将矿石、水、药剂（指调整剂）加入球磨机中，先加约 2/3 的水，后加矿石，再加药剂，最后加剩余的水。

（4）将磨机盖子盖严后磨矿，并记录磨矿时间和加入的药剂，磨矿时间根据细度要求来确定。

（5）卸矿。磨矿时间到后，停下磨机，打开磨机盖，往盆里倒入矿浆，并将球内壁的矿样全部清洗下来,但用水不宜过多。

3)浮选

浮选使用我国常规浮选设备——实验室型单槽浮选机(1.5 L),操作如下:

(1)将浮选机洗净后,将矿浆倒入槽内,并将盆上黏附的矿浆全部用水洗至槽内,为了防止矿浆沉淀,应先启动浮选机后倒入矿浆,再加入适量的水,使矿浆距刮出堰面低10~15 mm。

一般而言,pH 调整剂如石灰等都加入球磨机,而捕收剂、起泡剂与抑制剂加入浮选机。按确定的药剂条件与顺序加入呈溶液状态的药剂,用吸液管按计算出的毫升数加入,起泡剂等油状药剂用针头以滴数滴入。

(2)浮选。矿浆经加药处理后打开充气阀,记录时间,启动刮泡装置,浮选开始,泡沫刮入盆中。浮选过程中仔细观察泡沫状态、颜色、泡沫层厚度、矿化好坏等现象,并记录下来。随着浮选过程的不断进行,矿浆面下降,应适当添加补充水来保持一定的矿浆面。随着浮选至终点记下浮选时间,停止充气,停止刮泡,将矿浆从浮选槽中倒出,并将浮选槽洗净。

(3)测定矿浆 pH 值。矿浆经调浆与加药处理,浮选前应测矿浆 pH 值,将浮选机停止,沉淀片刻,吸取少量澄清液,在 pH 计上测定 pH 值,测完后将溶液倒回。

(4)产品处理。将浮选精矿与尾矿分别澄清、过滤、烘干,再经缩分取样,送化验室化验。

5.数据处理

浮选综合实验过程中每个条件实验结果均记录在相应表格中,并根据相关数据绘制浮选回收率和精矿品位与相应浮选条件的关系曲线,根据曲线的趋势分析适宜的浮选实验条件。最终获得浮选综合实验适宜条件。

记录磨矿条件和浮选条件,磨矿条件包括球磨机型号、容积、矿浆浓度、加球量及球径、磨矿时间及磨矿时加入的药剂,浮选条件包括浮选机型号、转数、容积(静止容积和充气容积)、浮选浓度、pH 值、矿浆温度、药剂用量等。

最后,将浮选结果填于表 6-3 中。

表 6-3 浮选结果

产品名称	质量/g	产率/%	品位/%	金属量 $\gamma\beta$	回收率/%
精矿					
尾矿					
原矿					

6.思考题

(1)实验中有哪些基本计算?试逐一列出(如球介质充填系数、磨矿加水量的计算、石灰、黄药、2#油添加量的计算及浮选浓度的计算等)。

(2)简述方铅矿和闪锌矿选别的方案、流程及药剂制度。

(3)试说明实验中所采用的各种药剂的作用原理。

三、任务评价

每个实训项目中的任务会以竞赛的形式进行评分,“理论实践要知道”任务各组分别出题互考互评,“浮选综合实验操作”任务分组拍摄操作视频,并将视频上传至网络教学平台,待大家实操结束后,分组相互观看视频,查漏补缺,扬长避短,相互评分,评出“本组之星”,完成组间互评并评出“最佳小组”,将评分填入任务考核评价表(见表6-4)中。

表6-4　任务考核评价表

<table>
<tr><td colspan="2">被考人</td><td></td><td colspan="2">考评时间</td><td colspan="2"></td></tr>
<tr><td colspan="2">考评内容</td><td colspan="5">浮选综合实验</td></tr>
<tr><td colspan="2">考评指标</td><td>考评标准</td><td>分值</td><td>自我评价</td><td>组间互评</td><td>实际得分</td></tr>
<tr><td rowspan="5">专业知识技能掌握</td><td>理论实践要知道</td><td>掌握</td><td>10</td><td></td><td></td><td></td></tr>
<tr><td>浮选综合实验操作的正确性</td><td>掌握</td><td>10</td><td></td><td></td><td></td></tr>
<tr><td>药剂配置的准确性</td><td>掌握</td><td>10</td><td></td><td></td><td></td></tr>
<tr><td>数据计算的准确性</td><td>掌握</td><td>10</td><td></td><td></td><td></td></tr>
<tr><td>实训报告的完整性</td><td>掌握</td><td>10</td><td></td><td></td><td></td></tr>
<tr><td rowspan="5">素质培养</td><td>出勤</td><td>按时到岗,学习准备就绪</td><td>10</td><td></td><td></td><td></td></tr>
<tr><td>道德自律</td><td>自觉遵守纪律,有责任心和荣誉感</td><td>10</td><td></td><td></td><td></td></tr>
<tr><td>学习态度</td><td>积极主动,不怕困难,勇于探索</td><td>10</td><td></td><td></td><td></td></tr>
<tr><td>团队分工合作</td><td>能融入集体,愿意接受任务并积极完成</td><td>10</td><td></td><td></td><td></td></tr>
<tr><td>好习惯养成</td><td>将实验器材分类、归位,并打扫卫生</td><td>10</td><td></td><td></td><td></td></tr>
<tr><td colspan="3">合计</td><td>100</td><td></td><td></td><td></td></tr>
</table>

续表 6-4

本组之星		两项评选活动是为了激励学生的学习积极性
最佳小组		
填表说明	1. 实际得分 = 自我评价(40%)+组间互评(60%)。 2. 考评满分为 100 分,60 分以下为不及格,60~69 分为及格,70~79 分为中等,80~89 分为良好,90~100 分为优秀。 3. “本组之星”可以是本次实训活动中突出贡献者,也可以是进步最大者,同样可以是其他某一方面表现突出者。 4. “组间互评”由评审团讨论后为各组给予的最终评价。评审团由各组组长组成,当各组完成实训活动后,各组组长先组织本组内部进行商议,然后各组组长将意见带至评审团,评价各组整体工作情况,将各组互评分数填入其中,“最佳小组”是实际得分最高者	

四、任务拓展

浮选新工艺:分支载体浮选工艺流程

载体浮选又称背负浮选,是选别微细粒矿物极为有效的方法之一。其基本原理是以粗矿粒为载体,背负微细粒矿物,使其黏附在粗粒矿物表面,然后用常规泡沫浮选法进行分离。作为载体的粗粒矿物,可以是异类矿物,也可以是同类矿物。载体浮选用于黏土中除杂已有数年,在这个过程中采用粗粒方解石作为载体,加入矿浆中作为微细粒锐钛矿的载体,从而达到除杂的目的。载体浮选的物理化学基础是利用疏水性载体矿物和微细粒矿物之间的疏水吸引作用,并在高能搅拌作用而产生的强湍流条件下,增强粗粒与微细粒的相互碰撞,促进粗粒与微细间的疏水聚团的形成,大大提高与气泡的黏着概率。载体的大小和数目都会影响浮选结果,研究结果表明,载体的粒度要有一个适宜的范围,载体的添加量应为微细粒矿物量的 20~40 倍。载体也要和所背负的锐钛矿一样,由于加入药剂而形成疏水的表面。为使载体与微粒碰撞黏附,所要求的搅拌速度比常规浮选要高。

如果被载的微粒矿物是有价回收矿物,这种用异类矿物作为载体的浮选,存在被载矿物与载体矿物分离及载体矿物回收再利用的问题,这样就增加了该工艺的难度,这是影响其工业应用的重要原因。若采用同类矿物的粗粒负载同类矿物的微细粒,即所谓的自身载体浮选,可避免两者的分离工序,有利于在工业实践中应用。某些学者用大于 10 mm 的不同粒级黑钨矿对-5 mm 粒级的黑钨矿进行载体浮选,并与同条件下的常规浮选结果做了比较。结果表明,载体的粒度对载体浮选结果影响很大,最适宜的载体粒度为 25~38 mm,在此粒度范围内-5 mm 的黑钨矿细泥与粗粒载体具有最大的碰撞黏着效应。另外还发现,粗细粒相互作用,除载体效应外,还有载体的裂解-中介作用(黏附体再受湍流剪应力的裂解作用,脱落形成中间颗粒,此即粗粒的中间介质作用,亦即中介作用)和粗粒的助凝作用(在粗颗粒与流体之间存在着一个大边界层,边界层发生分离,颗粒流线卷曲,直到形成涡环,该小尺度旋涡对促进微细粒的聚团有利)。

胡为柏教授等经过多年研究提出分支载体浮选新工艺,其特点在于将分支浮选与粗粒效应巧妙结合。即将较粗粒级且易浮的一支流程中的精矿,返回到难浮的细泥流程中去,以提供产生载体-助凝作用的粗粒,达到强化细粒浮选目的。分支载体工艺中的载体矿物可以是同类矿物,也可以是具有同种成分的异类矿物,如粗粒黑钨矿负载黑钨矿细泥、粗粒磁铁矿负载细粒赤铁矿、粗粒硫化铜矿负载细粒氧化铜矿等。

分支载体浮选工艺流程如图 6-3 所示。

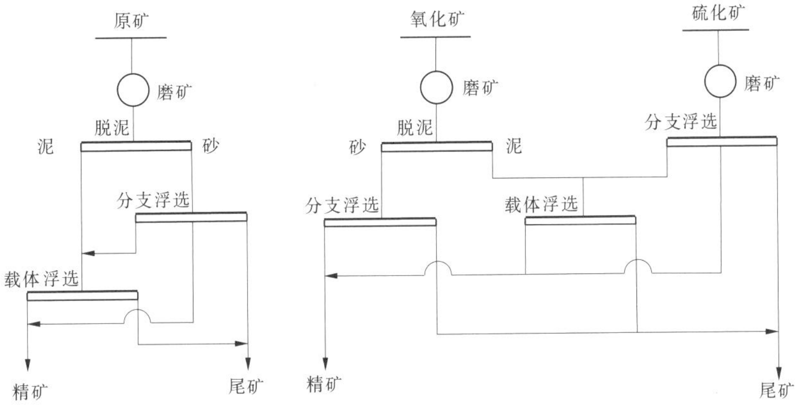

图 6-3　分支载体浮选工艺流程

拓展小知识

方铅矿与闪锌矿

方铅矿是一种硫化物,方铅矿常呈立方体的晶形,集合体通常为粒状或致密块状。铅灰色,条痕灰黑色,金属光泽,莫氏硬度为2.5,三组极完全解理,具有弱导电性和良检波性。中国古称草节铅,早在商代甚至更早就能从铅矿石中炼出较纯净的铅。主要是热液成因的矿物,几乎总是与闪锌矿共生,在地表易风化成铅矾和白铅矿。方铅矿在变质岩和火山硫化物矿床中形成,往往与铜矿混合在一起。珊瑚礁石灰岩和白云灰岩中也会有方铅矿形成,是分布最广的铅矿物,是提炼铅的最重要矿物原料。

方铅矿

闪锌矿的主要化学成分为 ZnS，闪锌矿含锌 67.1%，通常含铁，铁含量最高可达 30%，含铁量大于 10% 的称为铁闪锌矿，此闪锌矿常含锰、镉、铟、铊、镓、锗等稀有元素。纯闪锌矿近于无色，但通常因含铁而呈浅黄、黄褐、棕甚至黑色，随含铁量的增加而变深；透明度相应地由透明、半透明变至不透明；光泽则由金刚光泽、树脂光泽变至半金属光泽；具完全的菱形十二面体解理。闪锌矿不仅是提炼锌的最重要矿物原料，还是提取上述稀有元素的原料。

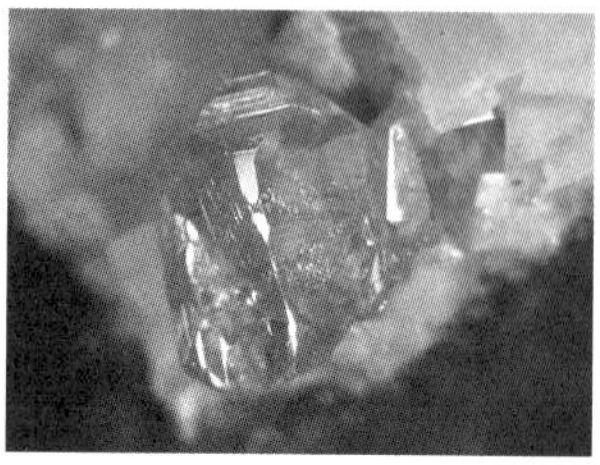

闪锌矿

项目巩固

如何计算平均品位或累计品位？

选矿厂通常每班化验一次精矿品位，各班的精矿产量和精矿品位各不相同，那么如何计算各班的平均品位及全月全年的平均品位或累计品位？

设 3 个班的精矿产量分别为 Q_1、Q_2 和 Q_3，品位分别为 β_1、β_2、β_3。3 个班的平均品位为

$$\bar{\beta} = \frac{Q_1\beta_1 + Q_2\beta_2 + Q_3\beta_3}{Q_1 + Q_2 + Q_3} \times 100\%$$

在选矿厂的统计报表中有“累计品位”一栏。计算累计品位与上述计算平均品位的方法相同，但它是个累计的过程。较简便的计算累计品位方法如下：

某日的累计品位为

$$\overline{\beta_i} = \frac{\text{上一日的累计产量} \times \text{上一日的累计品位} + \text{该日的产量} \times \text{该日的品位}}{\text{该日的累计产量}}$$

参考文献

[1] 于福家. 矿物加工实验方法[M]. 北京:冶金工业出版社,2010.
[2] 印万忠. 贵金属选矿及冶炼技术问答[M]. 北京:化学工业出版社,2013.
[3] 徐岩. 新编选矿知识问答[M]. 北京:化学工业出版社,2008.
[4] 孙戬. 金银生产与应用知识问答[M]. 北京:冶金工业出版社,2004.
[5] 印万忠. 黄金选矿技术[M]. 北京:化学工业出版社. 2016.
[6] 高里存. 无机非金属材料实验技术[M]. 北京:冶金工业出版社. 2008.
[7] 印万忠. 贵金属选矿及冶炼技术问答[M]. 北京:化学工业出版社,2016.
[8] 王资. 浮游选矿技术[M]. 北京:冶金工业出版社,2006.
[9] 刘海龙. 某金矿选矿厂浮选高效化改造实践[J]. 矿业研究与开发,2023,43(1):200-204.
[10] 赵通林. 浮选[M]. 北京:冶金工业出版社,2017.